D1700670

Deutsch-Englisches Glossarium der Kunststoffmaschinentechnik

German-English Glossary of Plastics Machinery Terms

M. S. Welling

Deutsch - Englisches Glossarium der Kunststoffmaschinentechnik

German - English Glossary of Plastics Machinery Terms

Carl Hanser Verlag
München Wien 1979

CIP-Kurztitelaufnahme der Deutschen Bibliothek:

Welling, Manfred S.:

Deutsch-englisches Glossarium der Kunststoffmaschinentechnik = German-English glossary of plastics machinery terms / M. S. Welling. - München, Wien : Hanser, 1979.
ISBN 3-446-12931-6

Druck: Joh. Walch, Augsburg
Printed in Germany

Dedicated to my wife, without whose help, patience and devotion this book might never have seen the light of day.

Einleitung

Dieses Glossarium verdankt seine Entstehung einer fast dreißigjährigen Erfahrung im Übersetzen deutscher Texte aus der Kunststofftechnik ins Englische und wurde auf die besonderen Probleme des technischen Übersetzers abgestimmt. Sein Zweck ist:

1. dem Übersetzer als eindeutige und zuverlässige Quelle für die englischen Bezeichnungen der in der deutschen Kunststoffmaschinentechnik verwendeten Begriffe zu dienen;
2. aufzuzeigen, wie bestimmte „komplizierte“ Ausdrücke und Wortkombinationen korrekt übersetzt werden.

Die meisten der englischen Ausdrücke wurden durch gründliches Nachforschen technischen Fachartikeln, Monographien, Büchern und der Fachliteratur einschlägiger Firmen in England und den USA entnommen und sind also genau die Worte die derzeitig im Sprachgebrauch dieser Länder geläufig sind. Kein einziger Ausdruck ist blindlings den vorhandenen Wörterbüchern, öffentlichen Vorschriften, Empfehlungen und dergleichen entnommen worden, weil diese sich vielfach als irreführend und unzuverlässig erwiesen haben.

Die Kunst des Übersetzens besteht darin, weniger das *Wort* als vor allem den *Sinn* in eine andere Sprache zu übertragen, selbst unter Verwendung von Sätzen, die vom ursprünglichen Wortlaut abweichen, jedoch ohne dabei die technische Genauigkeit zu vernachlässigen. Wörtliches Übersetzen sollte man vermeiden, denn es gibt viele Worte und Wortkombinationen die, wörtlich übersetzt, völlig bedeutungslos wären. Außerdem führt wörtliches Übersetzen zu geschraubt und ungeschickt klingenden Sätzen.

In bestimmten Fällen habe ich deshalb deutsche Sätze oder Satzteile, in denen das betreffende Wort enthalten ist angeführt, zusammen mit Vorschlägen für englische Versionen, um so zu zeigen, wie unter Vermeidung wörtlicher Übersetzung ein sprachlich richtiger und eleganter Satz gebildet werden kann. Technische Erläuterungen wurden auf ein Minimum beschränkt und nur dort gegeben, wo sie dem Übersetzer wirklich nützlich sein könnten.

Für eine Anzahl deutscher Ausdrücke mußten die entsprechenden Englischen erfunden werden, jedoch wurden diese erst nach Rücksprache mit Kollegen aus der Industrie in das Glossarium aufgenommen. Besonderer Dank gebührt hier Mr. Richard Wood, europäischer Schriftleiter für Industry Media Inc., Denver, Colorado, USA, früherer Schriftleiter der Zeitschriften British Plastics und International Plastics Engineering, der mit seinem sachkundigen Rat und Vorschlägen bei der Lösung vieler technischer und sprachlicher Probleme half. Weiterhin möchte ich Mr. Peter Bean (GKN Windsor Ltd.), Mr. Frank Freeman, Mr. Maurice Gardner (Bone Cravens Daniels Ltd.), Dr. Malcolm Gillies und Dr. Klaus Stoeckhert danken für ihre Hilfe bei der Klärung verschiedener sprachlicher und technischer Punkte.

Auch danke ich Dr. Klaus Stoeckhert für die Durchsicht des Manuskripts und Mr. Richard Wood für seine Hilfe bei der lästigen Arbeit der Fahnenkorrektur.

Vorschläge für Ergänzungen oder Verbesserungen des Glossariums würde ich begrüßen, und bitte diese an folgende Adresse zu schicken: Dipl.-Chem. M.S. Welling, 5 Campbell Croft, Edgware, Middlesex, England. Zusätzliche deutsche Ausdrücke sollten wenn immer möglich in ihrem ursprünglichen Textzusammenhang unter Quellenangabe und Hinzufügen der vorgeschlagenen englischen Übersetzung genannt werden.

August 1979 *M.S. Welling*

Introduction

This Glossary is the result of nearly 30 years of translating German plastics texts into English, and has been compiled to meet the specific needs of technical translators. Its purpose is:

1. to provide translators with a definitive and reliable source of English-language equivalents of expressions used in German plastics machinery texts;
2. to show how certain "difficult" words and word combinations should be translated.

Most of the English terms have been researched by referring to technical articles, monographs, books and company literature published in Britain and the United States. They are therefore the words in current use in those countries. None of them has been blindly taken over from existing dictionaries, official specifications, recommendations or similar sources, because these can often be misleading and unreliable.

Translating is the art of transferring *ideas* into another language rather than *words*, using sentences which may be very far removed from the original, but without sacrificing technical accuracy. Literal translation can be a dangerous thing and there are many words and word combinations which, translated literally, would be completely meaningless. Moreover, literal translation produces stilted, awkward sentences.

In certain cases therefore, I have quoted German sentences and part-sentences containing a particular word, with suggested English equivalents, to show how an elegant English version can be produced by avoiding literal translation. Technical explanations have been kept to an absolute minimum, having been included only where they were thought to be of real value to the translator.

For a number of German expressions, English equivalents have had to be invented, but these have been included only after reference to various colleagues in the industry. Here, special thanks are due to Mr. Richard Wood, European Editor of Industry Media Inc., Denver, Colorado, USA, former Editor of British Plastics and International Plastics Engineering, whose expert advice and comments helped to solve a great many technical and linguistic problems. I should also like to thank Mr. Peter Bean (GKN Windsor Ltd.), Mr. Frank Freeman, Mr. Maurice Gardner (Bone Cravens Daniels Ltd.), Dr. Malcolm Gillies and Dr. Klaus Stoeckhert for their help in clarifying various points of usage.

My thanks also go to Dr. Klaus Stoeckhert for reading the completed manuscript and to Mr. Richard Wood for helping with the onerous task of proof reading.

Proposals for amendment or improvement of the Glossary will be gratefully received and should be sent to me at the following adress: 5 Campbell Croft, Edgware, Middlesex, England. Any additional German expressions should, wherever possible, be given in the original context, together with the source and suggested English translation.

August 1979 *M.S. Welling*

Allgemeine Hinweise
General information

Abbreviations used in this Glossary
In diesem Glossarium verwendete Abkürzungen

abbr.	abbreviation	Abkürzung
(bfe)	blown film extrusion	Schlauchfolienextrusion
(bm)	blow moulding	Blasformen
(c)	calendering	Kalandrieren
(cm)	compression moulding	Preßformen
(e)	extrusion	Extrudieren
e.g.	for example	zum Beispiel
(grp)	glass reinforced plastics processing	Verarbeiten glasfaserverstärkter Kunststoffe
i.e.	that is	das heißt
(im)	injection moulding	Spritzgießen
(ptfe)	polytetrafluoroethylene processing	Verarbeiten von Polytetrafluorethylen
q.v.	which see	siehe dieses
(t)	thermoforming	Warmformen
(tm)	transfer moulding	Spritzpressen
(txt)	textile machinery	Textilmaschinen
(w)	welding	Schweißen

Verwendung von Symbolen

Klammern

Klammern wurden verwendet
1. bei kursiv (schräg) gedruckten englischen Begriffen, um vorangegangene Fachausdrücke zu erläutern, z.B.
   Aufstellfläche floor space *(required to install a machine)*
2. bei normal (gerade) gedruckten englischen Wörtern oder Wortteilen, die in der Übersetzung ggf. weggelassen werden können, z.B.
   Formzuhaltung (mould) locking mechanism. Die Klammer deutet an, daß hier entweder der Ausdruck „mould locking mechanism" oder auch nur „locking mechanism" verwendet werden kann.
   Blaswerkzeug blow(ing) mould. Die Klammer deutet an, daß „blow mould" oder „blowing mould" verwendet werden kann.
3. bei Abkürzungen, die auf das jeweils zutreffende Verarbeitungsverfahren hinweisen.

Schrägstriche

Ein Schrägstrich zwischen Wörtern deutet an, daß beide Begriffe wahlweise verwendet werden können, z.B. „fixed/stationary platen" bedeutet, daß „fixed platen" oder „stationary platen" verwendet werden kann.
In gleicher Weise bedeutet „multi-plate/-part mould", daß „multi-plate mould" oder „multi-part mould" verwendet werden kann.

Use of symbols

Brackets

Brackets have been used in this Glossary

1. to enclose English words, printed in italics, indicating an explanation of the preceding word or words, e.g.
   Aufstellfläche floor space *(required to install a machine)*
2. to enclose English words or parts thereof, printed in normal typeface, indicating that these can be omitted, e.g.
   Formzuhaltung (mould) locking mechanism, meaning that one can write either "mould locking mechanism" or "locking mechanism";
   Blaswerkzeug blow(ing) mould, indicating that one can write "blow mould" or "blowing mould";
3. to enclose abbreviations indicating the type of process to which the word relates, e.g. *(e), (im)* etc.

Oblique strokes

An oblique stroke between words indicates that either of these two words may be used, e.g.
"fixed/stationary platen" means that one may write "fixed platen" or "stationary platen". Similarly, "multi-plate/-part mould" means that one may write "multi-plate mould" or "multi-part mould".

Quellennachweis
Sources of reference

Bücher
Books

Briston, J.H. *Plastics Films,* Iliffe, London 1974

Brydson, J.A. and **D.G. Peacock** *Principles of Plastics Extrusion,* Applied Science Publishers, London 1973

Butler, J. *Compression and Transfer Moulding of Plastics,* Iliffe, London 1959

Dubois, J.H. and **W.I. Pribble** (editors) *Plastics Mold Engineering Handbook,* van Nostrand Reinhold, New York 1978

Elden, R.A. and **A.D. Swan** *Calendering of Plastics,* Iliffe, London 1971

Fenner, R.T. *Extruder Screw Design,* Iliffe, London 1970

Fisher, E.G. *Blow Moulding of Plastics,* Iliffe, London 1971

Fisher, E.G. *Extrusion of Plastics (2nd edition),* Newnes-Butterworth, London 1976

Frados, J. (editor) *Plastics Engineering Handbook of the Society of the Plastics Industry Inc. (4th edition),* van Nostrand Reinhold, New York 1976

Glanvill, A.B. *The Plastics Engineer's Data Book,* Machinery Publishing Co. Ltd., Brighton 1971

Jones, T. (editor) *Harrap's Standard German and English Dictionary Part 1: German-English,* Harrap, London 1963-74

Penn, W.S. (editor) *Injection Moulding of Elastomers,* Maclaren, London 1969

Penn, W.S. *PVC Technology (3rd edition),* Applied Science Publishers, London 1971

Pye, R.G.W. *Injection Mould Design (2nd edition),* Godwin, London 1978

Roff, W.J. and **J.R. Scott** *Fibres, Films, Plastics and Rubbers,* Butterworth, London 1971

Rubin, I.I. *Injection Molding - Theory and Practice,* Wiley, New York 1972

Walker, J.S. and **E.R. Martin** *Injection Moulding of Plastics,* Iliffe, London 1966

Willshaw, H. *Calenders for Rubber Processing,* Institution of the Rubber Industry, London 1956

British Standard 1755: Glossary of Terms used in the Plastics Industry - Part 2: Manufacturing processes, British Standards Institution, London 1974

Chambers Dictionary of Science and Technology, Chambers, Edinburgh 1974

The Concise Oxford Dictionary (6th edition), Oxford University Press, 1976

Specification for Safety Devices on Horizontal Injection Moulding Machines, British Plastics Federation, London 1973

Specification for Safety Devices on Vertical Hydraulic Presses, British Plastics Federation, London 1970

Modern Plastics Encyclopedia (various editions)

Plastics and Rubber Institute Conference Papers:
PVC Processing (1978)
Advances in Blow Moulding (1977)

Fachzeitschriften
Journals

British Plastics
European Plastics News
Europlastics Monthly
International Plastics Engineering
Modern Plastics
Modern Plastics International
Packaging News
Plastics
Plastics Engineering
Plastics Machinery and Equipment
Plastics Technology
Plastics Today (ICI Ltd.)

Plastics and Polymers
Plastics and Rubber International
Plastics and Rubber Weekly
Plastics and Rubber Processing
Shell Polymers (Shell Chemical Co. Ltd.)

Technisches Schrifttum folgender Firmen
Technical literature published by the following firms

Amcel Ltd.
Baker Perkins Chemical Machinery Ltd.
B.P. Chemicals
Bone Cravens Daniels Ltd.
British Industrial Plastics
Churchill Fluid Heat Ltd.
Dow Chemical Company
Farrell Bridge Ltd.
GKN Windsor Ltd.
Iddon Brothers Ltd.
Imperial Chemical Industries Ltd.
Plasticisers Engineering Ltd.
Scott Bader Co. Ltd.
Francis Shaw & Co. Ltd.
Shell Chemicals UK Ltd.
U.S. Industrial Chemicals Co.

Glossarium
Glossary

Abfallaufbereitung scrap reprocessing

Abfallaufbereitungsanlage scrap reprocessing plant

Abfallaufwicklung edge trim wind-up (unit)

Abfallbutzen *see* **Butzen**

Abfallentfernung removal of waste/scrap/flash; flash removal device

Abfallentfernungssystem *see* **Abfallentfernvorrichtung**

Abfallentfernvorrichtung scrap removal device

Abfallminimierung minimising of waste
aus Gründen der Abfallminimierung to reduce waste to a minimum

Abfallmühle *see* **Abfallzerkleinerungsmühle**

Abfallteile reject mouldings

Abfallverwertung recycling of waste/scrap

Abfallzerkleinerungsmühle scrap pelletiser; shredder *(specifically for film)*

abführen to take away

Abfüllautomat automatic filling machine

Abkühlbedingungen cooling conditions

Abkühldauer *see* **Abkühlzeit**

Abkühlgeschwindigkeit cooling rate, rate of cooling

Abkühlstrecke cooling section

Abkühlung cooling

Abkühlungsverhältnisse cooling conditions

Abkühlvorgang cooling process

Abkühlzeit freeze/setting/cooling time *(im)*

ablängen to cut into lenghts *(extruded pipe, profiles or sheets)*

Ablängvorrichtung flying knife

Ablauf, verfahrenstechnischer processing sequence

Ablaufsteuerung sequence control (unit); *see also* **Prozeßsteuerung**

Ablegeeinrichtung stacker, stacking unit

Abmessungen dimensions

Abquetschlinge neck and base flash *(bm)*

Abquetschmarkierungen pinch-off welds *(bm)*

Abquetschstelle *see* **Quetschnaht**

Abquetschvorrichtung *see* **Quetschwalzen**

Abquetschwalzenpaar *see* **Quetschwalzen**

Abquetschwerkzeug *see* **Überlaufwerkzeug**

Abreißanschnitt sprue puller gate *(im)*

Abreißbacken deflashing device, tear-off jaws *(bm)*

Abreißpunktanschnitt sprue puller pin gate *(im)*

Abrolleinrichtung unwinding unit

Abrollstation unwinding station

Abrollvorrichtung unwinding unit/equipment

Absaugvorrichtung extractor fan

Abschaltautomatik automatic switch-off mechanism

abschalten to switch off

Abscheranschnitt *see* **Tunnelanschnitt**

Absperrmechanismus shut-off mechanism

Absperrschieber shut-off slide valve

Abspulgatter pay-off creel *(txt)*

Abstreif(er)platte stripper plate *(im)*

Abstreifhülse stripper bush *(im)*

Abstreifring stripper ring *(im)*

Abstreifvorrichtung stripper device/mechanism *(im)*

Abströmkanal outlet channel

Abtastkopf scanning head/ device

Abtastung scanning

Abtransport removal
automatischer Abtransport der Hohlkörper automatic removal of the blow mouldings

Abwärtsbewegung downward movement

Abwickelgeschwindigkeit pay-off speed

Abwickler pay-off roll

Abwicklung pay-off (unit)

Abzieh- *see* **Abzugs-**

Abzug take-off, haul-off

Abzugsaggregat take-off unit

Abzugseinrichtung *see* **Abzugsaggregat**

Abzugsgeschwindigkeit take-off speed

Abzugshöhe distance between die and nip rollers *(bfe)*

Abzugskraft take-off tension

Abzugsrollen take-off rolls

Abzugsstation take-off station

Abzugsstrecke take-off section

Abzugsturm take-off tower *(bfe)*

Abzugstyp type of take-off

Abzugsvorrichtung *see* **Abzugsaggregat**

Abzugswalze take-off roll

Abzugswalzenpaar (pair of) take-off rolls *(bfe)*

Abzugswalzenspalt take-off nip *(bfe)*

Abzugswalzenstation take-off rolls/unit *(bfe)*

Abzugswerk *see* **Abzugsaggregat**

Abzugswerk-Wickler-Kombination *see* **Abzugswicklerkombination**

Abzugswicklerkombination combined take-off - wind-up unit

achsparallel axially parallel

Achtfach-Spritzwerkzeug eight-impression/-cavity injection mould

Achtfachverteilerkanal eight-runner arrangement *(im)*

adiabatisch adiabatic

Agglomerat agglomerate

Aggregat unit *(of machinery or equipment)*

Akku-Kopf *see* **Speicherkopf**

Akkumulierzylinder accumulator cylinder *(im)*

Akku-Wirkung accumulator effect

Allzweckextruder general purpose extruder

Allzweckschnecke general purpose screw

Aluminiumguß-Werkzeug cast aluminium mould

Anbinden, mehrfaches *see* **Mehrfachanschnitt**

Anbindung *see* **Anschnitt**

Anblaswinkel *see* **Kühlluftanblaswinkel**

Andrückwalze pressure roll

anfahren to start-up *(a machine)*

Anfahrverhalten start-up behaviour

Anfahrzeit starting-up period

Anfangsspritzdruck initial injection pressure *(im)*

Anforderungen, verfahrenstechnische processing requirements

angebaut attached

angegossen *see* **angespritzt**

angeordnet, fliegend floating

angeordnet, stationär fixed

angeschmolzen partly fused

angeschnitten, seitlich side-gated, edge-gated *(im)*

angespeist, seitlich *see* **angeströmt, seitlich**

angespeist, zentral *see* **angeströmt, zentral**

angespritzt gated, fed *(im)*; moulded-on

Niet mit angespritztem Kopf rivet with moulded-on head

angespritzt, mehrfach multiple-gated *(im)*

angespritzt, seitlich side-gated, edge-gated, side-fed *(im)*

angespritzt, zentral centre-gated, centre-fed *(im)*

angeströmt, axial *see* **angeströmt, zentral**

angeströmt, quer *see* **angeströmt, seitlich**

angeströmt, radial *see* **angeströmt, seitlich**

angeströmt, seitlich side-fed *(e, bm, bfe)*

angeströmt, zentral centre-fed *(e, bm, bfe)*

angetrieben power-driven *(e.g. a roller)*

Angieß- *see* **Anguß-**

Anguß sprue *(im)* (**-anguß** *is often used in place of* **-anschnitt** *when naming the different types of gate, e.g.* **Punktanguß** *instead of* **Punktanschnitt.** *In such cases* **-anguß** *should always be translated as "gate")*

Angußabfall sprue wastes *(im)*

Angußabführung removal/disposal of sprues, sprue disposal unit *(im)*

Angußabtrennvorrichtung degating/sprue removal device *(im)*

Angußart type of gate/gating *(im)*

Angußausreißer sprue puller *(im)*

Anguß-Ausstoßzylinder sprue ejector cylinder *(im)*

Angußauswerfer sprue ejector *(im)*

Angußauswerfvorrichtung *see* **Angußauswerfer**

Angußauszieher *see* **Angußausreißer**

Angußbereich, im *see* **angußnah**

Angußbohrung *see* **Anschnitt**

Angußbuchse sprue bush *(im)*

Angußdrückstift sprue ejector pin *(im)*

angußfern away from the sprue

Angußferne, in *see* **angußfern**

angußfrei *see* **angußlos**

Angußgröße *see* **Anschnittgröße**

Angußkanal *see* **Anguß** *(if relating to a single-impression mould);* *see* **Hauptverteilerkanal** *(if relating to a multi-impression mould);* feed channel *(if in a general context)*

Angußkegel *see* **Anguß**

Angußlage gate location, position of the gate *(im)*

Angußloch *see* **Anschnitt**

angußlos sprueless *(im)*

Angußmarkierung gate mark *(im)*

Angußnähe, in *see* **angußnah**

angußnah near the sprue *(im)*

Angußöffnung *see* **Anschnitt**

Angußplatte feed plate *(im)*

Angußpositionierung positioning of the gate *(im)*

Angußpunkt *see* **Angußstelle**

Angußquerschnitt sprue (cross-section)
bei noch plastischem Angußquerschnitt as long as the sprue remains plastic

angußseitig on the feed side *(im)*

Angußspinne *see* **Verteilerstern**

Angußstange *see* **Anguß**

Angußsteg gate land *(im)*

Angußstelle gate, feed/injection point *(im) (if relating to a machine:*
Bis auf wenige Ausnahmen liegen bei den bisher bekannten Heißkanalsystemen die Angußstellen in der Längsachse des Spritzgießwerkzeugs with but a few exceptions, the gates/feed points in the hot runner systems known so far lie in the longitudinal axis of the mould);
gate mark *(im) (if relating to a moulding:*
Die Angußstelle eines derartig angespritzten Teils wirkt meist optisch nicht störend the gate mark of a part which has been gated in this way does not normally affect its appearance)

Angußstern *see* **Verteilerstern**

Angußsystem feed system/channels *(im)*

Angußtunnel *see* **Anguß-kanal**

Angußverlust *see* **Anguß-abfall**

Angußverteiler runner(s) *(im)*

Angußverteilerplatte *see* **Angußplatte**

Angußverteilersystem *see* **Verteilersystem**

Angußvorkammer *see* **Vor-kammer**

Angußwege sprues and runners *(im)*
Die Anguß- und Anschnitt-wege sind so kurz wie möglich zu wählen sprues and runners should be as short as possible

Angußzapfen *see* **Anguß**

Angußziehbuchse sprue puller bush *(im)*

Angußziehstift sprue puller pin *(im)*

Anhäufungen (material) accumulations

Anlage plant, equipment, (production) line

Anlagefläche contact surface

Anlagenkonzept plant design and lay-out

Anpassungsfähigkeit adaptability

Anplastifizieren partial plasticisation/plastifica-tion

Anpreßdruck contact pressure

Anpreßgummiwalze rubber covered pressure roll

Anpreßwalze pressure roll

Anschlagbolzen stop pin

Anschlagplatte stop plate

Anschlußleistung connected load

Anschlußwert see **Anschlußleistung**

Anschlußwert, gesamtelek-trischer *see* **Gesamtan-schlußwert**

Anschlußwerte, elektrische connected loads

anschneiden to gate *(im)*
Es ist ratsam die Werkzeughöhlung in der Trennfläche anzuschneiden it is advisable to gate into the mould cavity along the parting surface *or:* it is advisable to position the gate so that it lies in the parting surface

Anschnitt gate *(im)*

Anschnitt, seitlicher side/edge gate *(im)*

Anschnittbereich gate area *(im)*

Anschnittbohrung *see* **Anschnitt**

Anschnittbuchse *see* **Angußbuchse**

Anschnittferne, in away from the gate

Anschnittgröße gate size *(im)*

Anschnittkanal *see* **Angußkanal**

Anschnittmarkierung *see* **Angußmarkierung**

Anschnittnähe, in near the gate, in the gate area

Anschnittpunkt *see* **Angußstelle**

Anschnittquerschnitt gate (cross-section)
ein großer Anschnittquerschnitt a large gate

Anschnittstelle *see* **Angußstelle**

Anschnittstern *see* **Verteilerstern**

Anschnittwege *see* **Angußwege**

Ansprechgeschwindigkeit speed of response

Ansprechzeit response time

anspritzen to gate (into) *(im)*

Anspritzen, seitliches side feed; edge gating *(im)*

Anspritzmöglichkeit possibility of injecting/gating *(into something)*

...**Freizügigkeit in der Formgestaltung durch wahlweise Anspritzmöglichkeit in die Formtrennebene oder zentral** ...design latitude since the material can either be injected into the mould parting surface or centrally

Anspritzpunkt *see* **Angußstelle**

Anspritzstelle *see* **Angußstelle**

Anspritzung gating *(im)*

Anspritzung, axiale centre-feed; *see also* **Zentralanguß**

anstellbar adjustable

anstellen to adjust, to align *(e.g. calender rolls)*

Anstellgeschwindigkeit adjustment speed

Anströmkanal feed channel *(im)*

Antriebsauslegung drive unit design

Antriebsdrehmoment drive torque

Antriebseinheit drive unit

Antriebshydraulik hydraulic drive (unit)

Antriebsleistung drive power

Antriebsmotor drive motor

Antriebsschaltkreis drive switch circuit

Antriebstrommel powered drum

Anzeigegerät indicator

Anzeigeinstrument *see* **Anzeigegerät**

arbeitend, periodisch operating in cycles

arbeitsaufwendig labour-intensive

Arbeitsbedingungen *see* **Betriebsbedingungen**

Arbeitsbreite effective width

Arbeitsdrehzahl *see* **Betriebsdrehzahl**

Arbeitsgang operation
in einem Arbeitsgang in one operation

Arbeitsgeschwindigkeit working/operating speed

Arbeitslänge effective (screw) length *(e)*

Arbeitsrichtung machine direction

Arbeitsstation *the place where a particular operation is carried out, e.g.* moulding station, thermoforming station etc., *depending on context*

Arbeitsstellung operating position

Arbeitstakt moulding cycle

Arbeitsvorgänge operations

Arbeitsweise method of operation

Arbeitszyklus moulding cycle

arretieren to lock *(a piece of equipment in position);* to stop

Arretiervorrichtung locking mechanism

Arretierzylinder locking cylinder

aufarbeiten to reprocess, to reclaim, to recondition

Aufbau construction

Aufbau, konstruktiver design features

aufbereiten to compound *(e.g. PVC)* to reprocess *(e.g. plastics wastes) (in certain cases this word can be translated simply as "to make" or "to prepare" as in this example:*
Zum Aufbereiten von Plastisolen werden PVC Typen mit pastenbildenden Eigenschaften verwendet plastisols are made from special pastemaking PVC resins)

Aufbereitungsaggregat compounding unit, compounder; reprocessing unit

Aufbereitungsanlage compounding line; reprocessing line

Aufbereitungs-Doppelanlage twin compounding unit; twin reprocessing unit

Aufbereitungsextruder compounding extruder

Aufbereitungssystem compounding system

Aufbereitungsteil compounding section

Aufbereitungsverfahren compounding process; reprocessing

Aufblasbedingungen blow-up conditions *(bm, bfe)*

Aufblasdorn *see* **Blasdorn**

Aufblasdruck inflating pressure, blow-up pressure *(bm, bfe)*

Aufblasen blowing-up, inflation *(bm, bfe)*

Aufblastemperatur inflation/blow-up temperature *(bm, bfe)*

Aufblasverhältnis blow-up ratio, blow ratio *(bm, bfe)*

Aufblaszone *see* **Schlauchbildungszone**

Aufenthaltzeit *see* **Verweilzeit**

Auffahren opening *(of a mould)*

Auffangwanne drip tray

Aufgabegut feedstock; compound being charged to machine

Granulat- oder pulverförmiges Aufgabegut granular or powdered compound

Aufgabematerial *see* **Aufgabegut**

Aufgabetrichter *see* **Einfülltrichter**

Aufhängung suspension *(of a machine unit)*

Aufheizmethode method of heating

Aufheizstation heating-up station

Aufheizzeit heating-up period

Auflagenhöhen production runs

Aufnehmer *see* **Fühler**

Aufreißkraft *see* **Auftreibkraft**

Aufrollung *see* **Aufwicklung**

Aufsatztrichter *see* **Einfülltrichter**

Aufschmelzbereich homogenising section

Aufschmelzextruder compounding extruder

Aufspannbohrungen mould attachment holes *(im)*

Aufspannelemente clamping elements

Aufspannfläche *see* **Werkzeugaufspannfläche**

Aufspannmaße *see* **Werkzeugeinbaumaße**

Aufspannplan *see* **Lochbild**

Aufspannplatte platen *(im)*

Aufspannplatte, auswerferseitige *see* **Aufspannplatte, bewegliche**

Aufspannplatte, bewegliche moving platen *(im)*

Aufspannplatte, düsenseitige *see* **Aufspannplatte, feststehende**

Aufspannplatte, feststehende fixed/stationary platen *(im)*

Aufspannplatte, schließseitige *see* **Aufspannplatte, bewegliche**

Aufspannplatte, spritzseitige *see* **Aufspannplatte, feststehende**

Aufspleißen *see* **Fibrillieren**

Aufspulgeschwindigkeit reeling speed

Aufsteckschnecke *see* **Schaftschnecke**

Aufstellfläche floor space *(required to install a machine)*

Auftreibkraft (mould) opening force *(im) (the pressure inside a mould which tends to force the two halves apart. It is countered by the locking force);* die opening force *(e)*

Aufwärtsbewegung upward movement

Aufwand cost, expense, effort *(very often the word cannot be translated literally, as the following examples show*
Der Platzbedarf und der Bedienungsaufwand sind bei diesem System etwas größer this system requires a little more space and slightly more labour
Der apparative Aufwand ist größer more equipment is needed
Verteilerkanäle können mit relativ geringem Aufwand mittels Elektronenrechner im Taschenformat berechnen lassen manifolds can be calculated relatively easily with a pocket calculator)

Aufweitungszone *see* **Schlauchbildungszone**

aufwendig costly, expensive, elaborate, complex, complicated
Dieses Verfahren ist aber technisch und preislich aufwendig this process is, however, technically complicated and expensive

aufwendig, konstruktiv complex in design

aufwendig, technisch technically complex/complicated

Aufwickelanlage wind-up unit

Aufwickeleinrichtung *see* **Aufwicklung**

Aufwickelmaschinenbaureihe range of (film) winders, range of winding-up equipment

Aufwickelspannung reeling tension

Aufwickelstelle wind-up station

Aufwicklung wind-up (unit)

Auf-Zu-Bewegung open-close movement

ausbauen to remove, to dismantle; to extend, to enlarge

Ausbringungszone *see* **Ausstoßzone**

Ausdrück- *see* **Auswerfer-**

Ausfallöffnung *see* **Ausfallschacht**

Ausfallproduktion production of rejects

Ausfallschacht (delivery) chute

Ausfallsicherung (automatic) shut-down device/ mechanism

Ausformdüse *see* **Extrusionswerkzeug**

Ausformschräge *see* **Konizität**

Ausführung construction, design; model
Der ABC Extruder ist die kleinste Ausführung aus der DEF Reihe the ABC extruder is the smallest model in the DEF range

Ausführungsmöglichkeiten types of construction/ design
Bild 2 zeigt drei Ausführungsmöglichkeiten von Schnecken fig. 2 shows three different types of screw

Ausgangsbauart original design

Ausgangsposition original position

Ausgangssignal output signal

ausgebaut dismantled *(e.g. screw)*

ausgekleidet lined

ausgelegt, falsch wrongly/badly designed

ausgeschwenkt swung out/open *(machine unit on a hinged flange)*

Ausgleichszone homogenising zone *(e)*

Aushängen drawdown, sag *(e, bm)*
. . . **ein Aushängen des Schmelzschlauches** parison drawdown/sag *(bm)*

Aushärteofen curing oven

Auslängen *see* **Aushängen**

Auslaufgehäuse discharge section *(e)*

auslaufseitig at the delivery/discharge end

Auslauftemperatur outlet temperature

Auslaufwalzen discharge/delivery rolls

Auslegekriterien design criteria/principles

Auslegung lay-out, design

Auslegung, konstruktive design (features)

Auspreßrichtung *see* **Extrusionsrichtung**

Auspreßschnecke discharge screw

Ausrüstung, maschinelle equipment

Ausrüstungsumfang range of equipment

Ausschraubvorrichtung unscrewing mechanism/device

Ausschuß waste, scrap, rejects, reject mouldings

Ausschußquote number of rejects
geringere Ausschußquoten fewer rejects

Ausschußstücke *see* **Ausschußteile**

Ausschußteile reject mouldings

Ausschußware reject articles/goods/mouldings

ausschwenkbar *see* **schwenkbar**

Außenkalibrieren external calibration/sizing *(e)*

Außenkühlluftstrom external cooling air stream

Außenluftkühlung external air cooling (system)

ausspülen to purge

Ausstoßdruck extrudate delivery pressure *(e)*

Ausstoßer- *see* **Auswerfer-**

Ausstoßextruder *see* **Austragsextruder**

Ausstoßgeschwindigkeit output speed/rate

Ausstoßgleichmäßigkeit uniform delivery *(of extrudate)*

Ausstoßleistung output

Ausstoßmenge *see* **Ausstoßleistung**

Ausstoßschnecke *see* **Austragsschnecke**

Ausstoßschwankungen output fluctuations

Ausstoßstift *see* **Auswerferstift**

Ausstoßteil *see* **Ausstoßzone**

Ausstoßtemperatur temperature at the delivery end, output temperature *(e.g. extrudate temperature at the die)*

Ausstoßverringerung reduced output(s)

Ausstoßvolumen output volume

Ausstoßweg ejector stroke

Ausstoßwerte outputs

Ausstoßzone metering section/zone *(e)*

Ausstoßzylinder ejector cylinder *(im)*

Austragsbereich *see* **Ausstoßzone**

Austragsextruder melt extruder *(this is unsually a single screw extruder fed with, for example, polyethylene melt straight from the reactor. The word derives from* **austragen** removal *(of material from the reaction vessel). Also called* **Schmelzeextruder)**

Austragsschnecke delivery screw

Austragsteil discharge section

Austragszone *see* **Ausstoßzone**

Austrittsgeschwindigkeit delivery rate *(of an extrudate)*

Austrittslippen die lips *(e)*

Austrittsöffnung outlet; *see also* **Düsenspalt**

Austrittsspalt *see* **Düsenspalt**

Austrittsspaltweite *see* **Düsenspaltbreite**

auswechselbar interchangeable, exchangeable

Auswerfen ejection *(im)*

Auswerfer ejector *(im)*

Auswerferbewegung ejector movement *(im)*

Auswerferbohrung ejector bore *(im)*

Auswerferbolzen ejector bolt *(im)*

Auswerferdämpfung ejector damping mechanism *(im)*

Auswerfereinrichtung ejector mechanism *(im)*

Auswerferfreistellung ejector release mechanism *(im)*

Auswerferhilfe ejection aid **Ein verstellbarer Druckluftzylinder an der bewegli-**

chen Aufspannplatte dient als Auswerferhilfe an adjustable compressed air cylinder on the moving platen helps to eject the moulding

Auswerferhub ejector stroke *(im)*

Auswerferkraft ejector force *(im)*

Auswerferplatte ejector plate *(im)*

Auswerferplattensicherung ejector plate safety mechanism *(im)*

Auswerferring ejector ring *(im)*

Auswerferrückzugkraft ejector retraction force

Auswerferseite ejector half, moving mould half *(im)*

auswerferseitig on the moving mould half, on the ejector side of the mould *(im)*

Auswerferstange ejector rod *(im)*

Auswerferstift ejector/knock-out pin *(im)*

Auswerferstössel *see* **Auswerferstange**

Auswerfersystem ejector mechanism *(im)*

Auswerferteller *see* **Auswerferplatte**

Auswerferventil ejector valve

Auswerferweg ejector stroke

Automat automatic machine/equipment

Automatikbetrieb automatic operation

Automatikwerkzeugschutz automatic mould safety device

Automatisationsgrad *see* **Automatisierungsaufwand**

Automatisierung automation

Automatisierungsaufwand degree of automation

Ein erhöhter Automatisierungsaufwand kann vorgesehen werden a greater degree of automation can be provided

Automatisierungsgrad *see* **Automatisierungsaufwand**

Axialkräfte axial loads

Axiallagergruppe thrust bearing unit

Axiallagerung thrust bearing (unit)

Axialströmung axial flow

Axialstrom axial melt stream

B

Backenwerkzeug split mould *(im)*

Bändchen *see* **Folienbändchen**

Bäumanlage beaming unit *(txt)*

bahnenförmig in continuous form
bahnenförmige Materialien continuous webs

Bahngeschwindigkeit web speed

Bahnspannung web tension, web tensioning device/mechanism

Bahnspannungsregelung web tension control (mechanism/unit)

Bahnsteuereinrichtung web guide *(c)*

Bahnzugkraft web tension

Bahnzugkraftmeßvorrichtung web tension measuring device

Bajonettverschluß bayonet joint/coupling

Ballen *see* **Walzenballen**

Ballenbreite *see* **Walzenballenbreite**

Ballenlänge *see* **Walzenballenbreite**

Ballenrand *see* **Walzenballenrand**

Bandabschlagsystem strip granulating system

Bandanguß *see* **Filmanschnitt**

Bandanschnitt *see* **Filmanschnitt**

Bandanschnitt, mittiger central film gate *(im)*

Bandanschnitt, ringförmiger *see* **Ringanschnitt**

Bandanschnitt, seitlicher lateral film gate *(im)*

Bandgeschwindigkeit web speed

Bandgranulator strip granulator/pelletiser

Bandmischer ribbon mixer

Bandzug web tension

Bandzugmeßstation web tension measuring unit

Basismaschine basic machine

Bauart method/type of construction

Schlauchköpfe mit Pinole und Spaltverstellung stellen die einfachste Schlauchkopfbauart dar side-fed parison dies with a die gap adjusting mechanism are the simplest type of construction; made by *(referring to a particular machine,* e.g. **Bauart Reifenhäuser** made by Reifenhäuser

Bauart, einfache simply contructed

Bauart, geschlossene totally enclosed *(machine)*

Bauart, offene consisting of seperate units

Extruder offener Bauart, d.h. mit separatem Getriebe und neben dem Extruder stehenden Antriebsmotor extruder with a separate drive and adjacently placed drive motor

Baueinheit unit, module

Baugröße size *(of a machine)*

Baugruppe structural unit *(of a machine)*

baukastenartig *see* **baukastenmäßig**

Baukastenbauweise unit/modular construction system

baukastenmäßig modular

Baukastenmaschine machine built up from modules/units

Baukastenprinzip modular principle

Baukastenreihe modular range *(of machines)*

Baukastenschnecke modular screw, screw built up from modules/units

Baukastenschneckensatz modular screw assembly

Baukastensystem modular system
Ein Universal-Baukastensystem für rheologische Untersuchungen a universal, modular instrument for rheological tests
Die Meßinstrumente sind nach dem Baukastensystem aufgebaut the measuring instruments have been designed on the modular principle

Baulänge, geringe *see* **Baulänge, kurze**

Baulänge, kurze short

Baulänge der Schnecke screw length

Baumaße dimensions

Baureihe range, series
eine neue Extruder-Baureihe a new range of extruders

Bausatzschnecke *see* **Baukastenschnecke**

Bauserie *see* **Baureihe**

Baustein(e) module(s)/unit(s) *(of a machine)*

Bausteinelektronik modular electronic system

Bausteingetriebe modular drive

Bausteinsystem *see* **Baukastensystem**

Bauweise method of construction
Die Maschine zeichnet sich durch eine sehr einfache Bauweise aus the machine is very simply constructed

Bauweise, flache *see* **Bauweise, horizontale**

Bauweise, geschlossene *see* **Bauart, geschlossene**

Bauweise, hohe upright (construction)

Bauweise, horizontale horizontal (construction)
Schneckenspritzgießmaschine in horizontaler Bauweise horizontal screw injection moulding machine

Bauweise, offene *see* **Bauart, offene**

Bearbeitung, spanabhebende machining

Bedienbarkeit, leichte easy to operate

Bedienungselemente controls, control elements

Bedienungsfehler errors in operation
Selbst bei Bedienungsfehlern werden Maschinenbeschädigungen vermieden even if a mistake is made in operating the machine, it will not be damaged *or:* even if the machine is operated incorrectly it will not suffer damage

Bedienungsfeld control panel

bedienungsfreundlich easy to operate, easily accessible
Die Steuerungen sollten bedienungsfreundlich untergebracht werden the controls should be easily accessible

Bedienungsfront *see* **Bedienungsfeld**

Bedienungsgegenseite the side opposite the operator's side

Bedienungsgeräte controls

Bedienungskomfort ease of operation
gesteigerter Bedienungskomfort easier to operate

Bedienungsmann (machine) operator

Bedienungsmannschaft *see* **Bedienungspersonal**

Bedienungsorgane *see* **Bedienungsgeräte**

Bedienungspersonal machine operator(s)

Bedienungspult *see* **Steuerpult**

Bedienungsschalter operating switch

Bedienungsseite operator's side *(of machine)*

Bedingungen, verfahrenstechnische processing conditions

Befestigungsflansch mounting flange

Befestigungslaschen fastening lugs

Beflammstation flame treatment station/unit

Begasen mechanical blowing *(method of making foam)*

Begasungsanlage mechanical blowing unit *(which passes gas into PVC paste to produce foam)*

Begasungsverfahren mechanical blowing process

Begrenzung limit switch

Begrenzungsbacken distance pieces, check plates *(c)*

Behältergreifstation bottle gripping unit *(bm)*

beheizbar heatable, capable of being heated

Beladestation loading station

Belastungszeit, thermische time of exposure to heat
. . . zur Verringerung der thermischen Belastungs-

zeit der Schmelze to cut down the time during which the melt is subjected to high temperatures

Belegemischung coating compound

bemessen dimensioned

Bereich, im thermoelastischen when soft and flexible
Die Rohrstücke werden bis in den thermoelastischen Bereich erwärmt the parisons are heated until they have become soft and flexible

Bereich, im thermoplastischen when soft
Beide Enden des Rohrstücks werden bis in den thermoplastischen Bereich erwärmt both ends of the parison are heated until they are soft *(the reason why* **thermoplastisch** *cannot in this case be translated as "thermoplastic" is that "thermoplastic" means the property of a hard material to become soft on heating. In other words, it expresses the idea of "becoming soft" rather than "being soft". To say that the parison is heated "until it is thermoplastic" would obviously be wrong – because it is, by its very nature, thermoplastic to start with)*

Berstscheibe bursting disc

Berührungsflächen contact surfaces

berührungslos *see* **kontaktlos**

Beruhigungszone *see* **Bügelzone** *(if referring to a die);* relaxation zone *(part of screw)*

Beschichten coating

Beschichtungsanlage coating line/plant/equipment

Beschichtungseinheit coating unit

Beschichtungsextruder coating extruder

Beschichtungsmaschine coating machine

Beschickeinrichtung *see* **Beschickungseinrichtung**

Beschicken feeding *(of a hopper, calender or compression mould)*

Beschickseite feed side

Beschickung feed unit

Beschickungsanlage feed unit/equipment

Beschickungsautomat automatic feeder/feeding equipment

Beschickungseinrichtung feed equipment

betätigt, zwangsläufig powered

Betätigungsnocken actuating cams

Betrieb, intermittierender intermittent/discontinuous operation

Betrieb, permanenter continuous operation

Betriebsarten types of operation *(manual or automatic)*

Betriebsartenwahlschalter function selector switch

Betriebsbedingungen operating conditions

Betriebsdauer time of operation
nach einer 2000-stündigen Betriebsdauer after 2000 hours' operation

Betriebsdrehzahl operating speed

Betriebsdrehzahlbereich operating speed range

Betriebsdruck operating/working pressure

betriebsfähig in working order

Betriebskalander production scale calender

Betriebskosten operating costs

betriebssicher reliable (in operation)

Betriebssicherheit reliability (in operation)

Betriebssicherung guard, safety device

Betriebsspannung operating voltage

Betriebsspiel play, clearance

Betriebsstörung (machine) breakdown

Betriebstemperatur operating/working temperature

betriebsunfähig out of order

Betriebswerte operating variables

Betriebszeit *see* **Betriebsdauer**

Beutelautomat automatic bag-making machine

Beutelschweißautomat automatic bag-welding machine

Bewegungsabläufe machine movements

Bewegungsgeschwindigkeit, hohe fast cycling *(injection moulding or blow moulding machine)*

Biaxial-Reckanlage biaxial stretching/orienting unit/equipment

Biegesteifigkeit rigidity *(when referring to platens and moulds rather than to the physical property of a plastics material)*

Bimetallzylinder bimetallic cylinder *(im)*/barrel *(e)*

Bindenaht weld/flow line *(mark on moulded article caused by the meeting of two flow fronts during moulding. Not to be confused with* **Teilungslinie** *(q.v.)*

Blasaggregat blowing/blow moulding unit

Blasanlage blow moulding machine/equipment *(bm);* blown film (extrusion) line *(bfe)*

Blasautomat *see* **Blasformautomat**

blasbar blow mouldable

Blasdorn inflating/blowing mandrel/spigot *(bm)*

Blasdornträger blowing mandrel support *(bm)*

Blasdruck blowing pressure *(bm)*

Blasdüse *see* **Schlauchfolienwerkzeug**

Blase bubble, blister; *(in a bfe context the word is synonymous with* **Folienschlauch** *(q.v.)*

Blasen *see* **Blasformen** *and* **Schlauchfolienextrusion**

blasenfrei void-free

Blasextrusion *see* **Extrusionsblasformen**

Blasextrusionsanlage *see* **Extrusionsblasformanlage**

Blasfolie *see* **Schlauchfolie**

Blasfolien- *see* **Schlauchfolien-**

Blasform *see* **Blaswerkzeug**

Blasformanlage blow moulding line/plant

Blasformautomat automatic blow moulding machine

Blasformautomaten-Baureihe range of automatic blow moulding machines /equipment

Blasformen blow moulding

Blasform-, Füll- und Verschließanlage blow-fill-seal packaging line

Blasformmaschine blow moulding machine, blow moulder *(the latter expression is used where brevity is important, e.g. in headlines, captions, advertising slogans etc.)*

Blasformmasse blow moulding compound

Blasformstation blow moulding station

Blasformsystem blow moulding system

Blasformtechnik blow moulding technology

Blasformteil *see* **Blasteil**

Blasform- und Füllmaschine blow moulding and filling machine

Blasformverfahren blow moulding (process)

Blasformwerkzeug *see* **Blaswerkzeug**

blasgeformt blow moulded, blown

Blasgesenk blow mould cavity

Blaskörper *see* **Blasteil**

Blaskörperentnahme removal of blow mouldings, blow moulding removal mechanism/unit

Blaskopf *see* **Schlauchfolienwerkzeug** *(***Blaskopf** *is sometimes still used in connection with blow moulding, but has now been largely replaced in this context by* **Schlauchkopf** *and* **Schlauchwerkzeug** *(q.v.)*

Blaskopf, zentral angespritzter *see* **Dornhalterblaskopf**

Blaskopf, zentral gespeister *see* **Dornhalterblaskopf**

Blaslippen die lips *(since the term is invariably used in a bfe context there is no need to translate the first part)*

Blasluft blowing/inflation air *(bm, bfe)*

Blasluftdruck blowing air pressure *(bm)*

Blasluftzufuhr blowing air supply *(bm)*

Blasmarke blow moulding grade *(of moulding compound)*

Blasmaschine *see* **Blasformmaschine**

Blasmasse *see* **Blasformmasse**

Blasmedium blowing medium *(bm)*

Blasnadel blowing pin, inflation needle *(bm)*

Blaspinole *see* **Blasdorn**

Blasposition blowing position

Blasprozeß *see* **Blasformverfahren** *and* **Schlauchfolienextrusion**

Blasschlauch *see* **Folienschlauch**

Blasstation blowing station/unit

Blasteil blow moulding, blow moulded part; blown container; bottle

Blas- und Füllmaschine *see* **Blasform- und Füllmaschine**

Blasverarbeitung *see* **Blasformen** *and* **Schlauchfolienextrusion**

Blasverfahren *see* **Blasformverfahren** *and* **Schlauchfolienextrusion**

Blasvorgang *see* **Blasformverfahren** *and* **Schlauchfolienextrusion**

Blasvorrichtung blowing device

Blaswerkzeug blow(ing) mould

Blaszeit duration of blowing, time required for blowing

Blinksignal flashing light signal

Blink-Störungslampe *see* **Störungsblinkanzeige**

Blockströmung solid flow

Bobine bobbin; reel; *see also* **Wickelkern**

Bodenabfälle *see* **Bodenbutzen**

Bodenbutzen base/tail flash *(bm)*

Bodenentgrateinrichtung base deflashing device *(bm)*

Bodenquetschnaht *see* **Bodenschweißnaht**

Bodenschweißnaht bottom weld *(bm)*

Bohren drilling

Bohrung bore, hole
Seitlich am Zylinder angebrachte Bohrungen dienen zur Aufnahme von Thermofühlern holes drilled into the side of the barrel serve to accomodate thermocouples

Bohrung, nitriergehärtete nitrided liner *(of an extruder barrel)*

Bohrungsdurchmesser bore *(of an extruder barrel)*

Bohrungswalze drilled roll

Bolzendornhalterung bolt-type mandrel support *(e)*

Bombage convex grinding *(c)*

bombiert convex ground *(c)*

Breite, flachgelegte layflat width *(bfe)*

Breitenregulierung *see* **Breitensteuerung**

Breitenschwankungen width variations

Breitensteuerung width control mechanism

Breithalter spreader roll *(e, bfe, c) (used to keep film uniformly flat across its width)*

Breithaltevorrichtung spreader roll unit

Breitreckmaschine *see* **Breitstreckmaschine**

Breitschlitzdüse *see* **Breitschlitzwerkzeug**

Breitschlitzextrusion slit-die extrusion

Breitschlitz-Extrusionsanlage slit die extrusion line

Breitschlitzflachfolienanlage *see* **Breitschlitzfolienanlage**

Breitschlitzfolie slit-die/extruded film/sheeting
Breitschlitzfolie aus schlagfestem Polystyrol extruded, high-impact polystyrene sheeting

Breitschlitzfolienanlage flat film extrusion line, slit die extrusion line

Breitschlitzplatte extruded sheet

Breitschlitzverbundfolie extruded composite flat film

Breitschlitzverfahren slit/slot die extrusion

Breitschlitzwerkzeug slit/slot die; flat film (extrusion) die *(for gauges below 0.25 mm);* sheet (extrusion) die *(for thicker gauges)*

Breitstreckmaschine transverse stretching machine

Breitstreckwalze transverse stretching roll *(e) (used to stretch film to orient it); see also* **Breithalter**

Breitstreckwerk spreader roll unit *(e, bfe, c)* transverse stretching unit *(see also note under* **Breitstreckwalze** *and* **Breithalter***)*

Bremssystem braking system/mechanism

Bügellänge *see* **Bügelzone**

Bügelstrecke *see* **Bügelzone**

Bügelzone die land *(e)*

Butzen flash *(bm)*

Butzenabfall *see* **Butzen**

Butzenabschlag-Einrichtung deflashing device *(bm)*

Butzenabtrennung flash trimming (mechanism/device) *(bm)*

Butzenabtrennvorrichtung *see* **Butzentrenner**

Butzenbeseitigung flash removal *(bm)*

Butzenkammer flash chamber *(bm)*

Butzentrenner flash trimmer *(bm)*

C

chargenweise discontinuous(ly), intermittent(ly)

Chillroll-Anlage cast film extrusion line, chill roll casting/extrusion line

Chillroll-Folienanlage *see* **Chillroll-Anlage**

Chillroll-Verfahren cast film extrusion, chill roll casting/extrusion (process)

Chillroll-Walzengruppe chill roll unit

coextrudiert coextruded

Coextrusionsanlage coextrusion line

Coextrusionsbeschichtungsanlage coextrusion coating line

Coextrusionsbeschichtungsverfahren coextrusion coating (process)

Coextrusionsblasanlage coextrusion blow moulding plant; *see also* **Coextrusions-Blasfolienanlage**

Coextrusions-Blasfolienanlage blown film coextrusion line

Compoundieranlage compounding equipment/line

Compoundieren compounding

D

Dämpfungseinrichtung damping mechanism

Dampfkammer steam chamber

Dampfkasten steam chest

Darstellung, schematische diagram

Datenausgabe data output

Datenverarbeitungsanlage data processing unit

Dauerbetrieb, im in continuous operation/use

Dehnungsmeßstreifen strain gauge

Dekompressionsschnecke *see* **Entgasungsschnecke**

Dekompressionszone decompression/devolatilising section, vent zone *(e)*

Delta-Anguß *see* **Filmanschnitt**

Demontage dismantling

demontierbar removable

dezentral decentralised

dichtkämmend closely intermeshing *(e)*

Dichtprofil self-sealing/-wiping profile *(e)*

Dichtprofilschnecken intermeshing screws with a self-sealing/-wiping profile *(e)*

Dichtungssatz seal assembly

Dickenabweichungen thickness variations; gauge variations *(of film)*

Dickenkalibrierung thickness calibration (unit)

Dickenmeßeinrichtung *see* **Dickenmeßgerät**

Dickenmeßgerät thickness gauge

Dickenschwankungen *see* **Dickenabweichungen**

dickwandig thick-section *(mouldings)*; thick-walled

Digitalmengenblock digital volume control unit

Digitalschalter digital switch

Digitalschalterreihen rows of digital switches

Digitalsteuerung digital control (unit/mechanism/device)

dimensioniert, großzügig generously dimensioned

Direktabschlagsystem *see* **Heißabschlageinrichtung**

Direktanspritzung direct feed *(im)*

Direktanspritzung, anguß-lose *see* **Direktanspritzung**

direktbegast mechanically blown *(expanded by intro-ducing gas as opposed to chemical blowing using a* **Treibmittel** *(q.v.)*

Direktbegasungsanlage *see* **Begasungsanlage**

Direktbegasungsverfahren *see* **Begasungsverfahren**

diskontinuierlich discon-tinuous(ly)

dispergieren to disperse

Doppelaufwickler *see* **Doppelwickler**

Doppelbandabzug twin-belt take-off (unit/system)

doppelgängig *see* **zwei-gängig**

Doppelkniehebel double toggle

Doppelkniehebelmaschine double toggle machine

Doppelkniehebel-Schließ-einheit double toggle clamp unit *(im)*

Doppelkniehebel-Schließ-system double toggle clamping mechanism/system *(im)*

Doppelkniehebelsystem double toggle system/mechanism

Doppelkopf twin die (extruder) head

Doppelmantel double-walled jacket

Doppelmischkopf twin mixing head

Doppelplattenwerkzeug *see* **Zweiplattenwerkzeug**

Doppelprägewerk twin embossing unit

Doppelschieberwerkzeug two-part sliding split mould *(im)*

Doppelschlauchkopf twin parison die *(bm)*

Doppelschnecke twin screw *(e)*

Doppelschneckenausführung twin screw design

Doppelschnecken-Entgasungsextruder vented twin screw extruder

Doppelschneckenextruder twin screw extruder

Doppelschnecken-Laborextruder laboratory twin screw extruder

Doppelschneckenmaschine *see* **Doppelschneckenextruder**

Doppelschneckenpresse *see* **Doppelschneckenextruder**

Doppelschneckenprinzip twin screw principle

Doppelschnecken-Seitenextruder auxiliary twin screw extruder

Doppelsiebkopf twin screen pack

Doppelspritzkopf *see* **Doppelkopf**

Doppelstegdornhalter(ung) twin spider-type mandrel support *(bm)*

Doppelverteilerkanal double runner *(im)*; twin manifold *(e)*

Doppelwalzenextruder roller die extruder *(an extruder whose die is formed of two rolls)*

Doppelwerkzeug *see* **Doppelkopf**

Doppelwickler twin winder/wind-up (unit)

Doppelzylinder twin barrel *(e)*

Dorn mandrel *(e, bm)*

Dornhalteplatte mandrel holding/locating plate *(e)*

Dornhalter mandrel support

Dornhalter mit versetzten Stegen spider with staggered legs

Dornhalterblaskopf centre-fed blown film die

Dornhalterkonstruktion mandrel support design

Dornhalterkopf centre-fed die *(e, bm) (in contrast to the* **Pinolenkopf** *(q.v.), this design incorporates a spider or a breaker plate to support the mandrel)*

Dornhalterkopf, zentralgespeister *see* **Dornhalterkopf**

Dornhaltermarkierungen *see* **Stegmarkierungen**

Dornhalterschlauchkopf centre-fed parison die *(bm)*

Dornhalterspritzkopf *see* **Dornhalterkopf**

Dornhalterstege spider legs *(e, bm)*

Dornhalterung mandrel support (system)

Dornhalterwerkzeug *see* **Dornhalterkopf**

Dornsteghalter *see* **Stegdornhalter**

Dornsteghalterung *see* **Stegdornhalter**

Dornstegmarkierungen *see* **Stegmarkierungen**

Dosieraggregat dispensing/ metering/feed unit

Dosieranlage dispensing/ metering/feed equipment

Dosierautomat automatic feeder/dispenser/ metering unit

Dosiereinheit *see* **Dosieraggregat**

Dosiereinrichtung *see* **Dosieranlage**

Dosiergenauigkeit dispensing/metering accuracy, accurate dispensing/metering

Dosiergerät dispensing/metering instrument

Dosierhub metering stroke

Dosierkammer feed compartment

Dosierkolben metering ram

Dosiermenge metered/required quantity/ amount
Alle Dosiermengen können getrennt für beide Komponenten eingestellt werden all the required amounts can be set seperately for each component

Dosierpumpe metering/feed pump

Dosierschnecke feed screw *(e)*

Dosiersystem feed/metering/dispensing system

Dosiertrichter *see* **Einfülltrichter**

Dosier- und Mischmaschine mixing and dispensing equipment

Dosierung dispensing/metering/feed (unit), material feed

Dosierungenauigkeit inaccurate metering/dispensing

Dosierverzögerung delayed feed

Dosierwaage weigh feeder

Dosierweg metering stroke *(im)*

Dosierwerk *see* **Dosieraggregat**

Dosierzeit mould filling time *(im)*

Dosierzylinder metering cylinder

Doubliereinrichtung contact laminating unit, contact laminator

doublieren *see* **kaschieren**

Doublierkalander contact laminating calender

Drahtführungsspitze torpedo tip *(since this word is used only in descriptions of wire-covering crossheads, its full meaning will be obvious, so that the English version given is adequate.* **Drahtführungsspitze** *is the removable tip of a* **Drahtummantelungspinole** *(q.v.) which ensures that the wire being covered is fully centred)*

Drahtummantelungsanlage wire covering equipment/line

Drahtummantelungs-Düsenkopf wire-covering crosshead *(e)*

Drahtummantelungspinole wire covering torpedo

Dralldorn rotating mandrel

drehbar capable of being rotated

Drehbarkeit *denotes that a machine or part thereof can be rotated or turned round*
Die Dreh- und Schwenkbarkeit der Schließeinheit ermöglicht es . . . since the injection unit can be rotated and tilted, it is possible to . . .

Drehbewegung rotary movement

drehend rotating

Drehextruder rotary extruder

Drehkolbenpumpe rotary pump

Drehmoment torque

Drehmomenteinstellung torque adjustment/adjusting mechanism

drehmomentkonstant with constant torque

Drehrichtung direction of rotation

Drehsinn *see* **Drehrichtung**

Drehteller *see* **Drehtisch**

Drehtisch rotary table/platform

Drehtischbauweise carousel/rotary table design

Drehtischmaschine carousel-type/rotary table machine

Drehtisch-Spritzgußmaschine carousel-type/rotary table injection moulding machine

Drehtischsystem carousel-type/rotary table arrangement/system

Drehwinkel angle of rotation

Drehzahl number of revolutions; speed *(of a rotating element); see also* **Schneckendrehzahl**

Drehzahl, regelbare variable speed

Drehzahlbereich speed range; *see also* **Schneckendrehzahlbereich**

Drehzahleinstellung speed setting (mechanism)

Drehzahlerhöhung speed increase

Drehzahlerniedrigung speed reduction/decrease

Drehzahlgenauigkeit accurate speed

Drehzahlkonstanz constant speed

Drehzahlmesser speed counter

Drehzahlprogramm speed programme

Drehzahlprogrammverlauf speed pattern

Drehzahl-Regelbereich *see* **Drehzahlbereich**

Drehzahlregelung *see* **Drehzahlsteuerung**

Drehzahlregler speed regulator/control device

Drehzahlregulierung *see* **Drehzahlsteuerung**

Drehzahlreserve speed reserve

Drehzahlschwankungen speed variations

Drehzahlsteigungsrate rate of speed increase

Drehzahl-Steuerautomatik automatic speed control system/mechanism/ device

Drehzahlsteuerung speed control (system/ mechanism/device)
Die Drehzahlsteuerung erfolgt vielfach mit Hilfe des Antriebsmotors the screw speed is often controlled by means of the drive motor

Drehzahlstufen speed stages

drehzahlunabhängig independent of speed

drehzahlvariabel *see* **drehzahlveränderlich**

drehzahlveränderlich (of) variable speed

drehzahlveränderlicher Kommutatormotor variable speed commutator motor

Dreifachkopf triple-die (extruder) head

Dreifachverteilerkanal triple runner *(im)*

dreigängig three-start/ triple flighted *(screw) (e)*

Dreikanaldüse three-channel nozzle *(im)*

Dreikanalwerkzeug triple-manifold die *(e)*

Dreiplatten-Mehrfachwerkzeug three-plate multi-impression mould *(im)*

Dreiplattenpreßwerkzeug three-plate (compression) mould

Dreiplatten-Schließeinheit three-plate clamp(ing) unit *(im)*

Dreiplatten-Schließsystem three-plate clamping mechanism *(im)*

Dreiplattenwerkzeug three-plate/-part/ double-daylight mould *(im)*

Dreiplatzanordnung three-station design

Dreischichtdüse three-layer (coextrusion) die *(e)*

Dreischicht-Folienblaskopf three-layer blown film die *(bfe)*

Dreischichthohlkörper three-layer blow moulding

Dreischneckenextruder triple-screw extruder

Dreiwalzen-Glättwerk triple-roll polishing stack

Dreiwalzen-I-Kalander three-roll vertical/superimposed calender

Dreiwalzenkalander triple-roll calender

Dreiwalzenkalander, Schrägform three-roll offset calender

Dreiwalzenmaschine *see* **Dreiwalzenstuhl**

Dreiwalzenstuhl triple rollers/roll mill

Dreiwegehahn three-way tap/stopcock

Dreizonenschnecke three-section screw *(e)*

Drossel flow restrictor/ restriction device

Drosselfeld flow resistance zone *(e)*

Drosselgitter restrictor grid

Drosselkennzahl *see* **Drosselquotient**

Drosselkörper (flow) restrictor

Drosselorgan *see* **Drossel**

Drosselquotient pressure flow-drag flow ratio *(e)*

Drosselschieber flow restriction valve

Drosselspalt restrictor gap *(e)*

Drosselstelle restricted flow area/zone

Drosselvorrichtung restrictor device *(e)*

Drosselwirkung flow restriction effect

Druckabfall pressure decrease/drop; decrease in pressure

Druckanstieg increase in pressure

Druckanzeigegerät *see* **Druckmeßgerät**

Druckaufbau pressure build-up

Druckaufbauvermögen capacity/ability to build up pressure

Druckaufnehmer pressure transducer/sensor

Druckdose *see* **Druckmeßgerät**

Druckeinstellorgan pressure adjusting device/mechanism

Druckeinstellventil pressure adjusting valve

Druckentlastung relief of pressure

Druckentspannungssystem pressure relief system

Drucker print-out unit

Druckfluß *see* **Druckströmung**

Druckfühler *see* **Druckaufnehmer**

Druckführung pressure profile; pressure control *(for details of how "profile" and "control" are used, see the translation examples under* **Temperaturführung***)*

Druckgasbehälter compressed gas cylinder

Druckgeber *see* **Druckmeßgerät**

Druckgefälle pressure gradient

Druckistwert actual pressure

Druckkalibrierung *see* **Druckluftkalibrierung**

Druckkissen pressure pad

Druckknopf push-button

Druckknopf-Station push-button console

Druckknopfsteuerung push-button control

Druckkolben pressure ram

Drucklagerung *see* **Axiallagerung**

Druckleitung pressure line

Druckluft compressed air

druckluftbetrieben pneumatically operated

Druckluftfördergerät compressed air conveyor

Druckluftformmaschine compressed air forming machine/unit *(t)*

Druckluftformung compressed air forming *(t)*

Druckluftkalibrierhülse compressed air calibrating/sizing sleeve *(e)*

Druckluftkalibrierung compressed air calibration/sizing/calibrator/sizing unit *(e)*

Druckluftzylinder compressed air cylinder

Druckmaximum pressure peak, maximum pressure

Druckmeßdose *see* **Druckmeßgerät**

Druckmeßeinrichtung *see* **Druckmeßgerät**

Druckmeßgerät pressure gauge

Druckmeßumformer *see* **Druckumformer**

Druckmessung *see* **Druckmeßgerät;** measurement of pressure

Drucköl *see* **Hydrauliköl**

Druckölspeicher hydraulic accumulator

Druckölung pressurised oil lubrication (system)

Druckplastifizierung pressure plasticisation/ plastication

Druckplatte pressure pad

Druckprofil pressure profile

Druckreduzierventil pressure reducing valve

Druckregelung *see* **Drucksteuerung**

Druckregelventil pressure control valve

Druckregulierventil *see* **Druckregelventil**

Druckschraube thrust screw

Druckschreiber pressure recorder/recording device

Druckschwankungen pressure variations/fluctuations

Drucksollwert required/set pressure

Druckspeicher pressure reservoir

Druckspitze pressure peak

Drucksteuerung pressure control(ler)

Druckströmung pressure flow

Druckumformer pressure transducer

Druckventil pressure valve

Druckverlauf pressure profile; changes in pressure

Druckverlaufkurve pressure variation curve

Druckvorbehandlungsgerät instrument for pretreating surfaces prior to printing

Druckwasser pressurised water

druckspitzenlos without pressure peaks

drucktastengesteuert push-button controlled

dünnflüssig low-viscosity

dünnwandig thin-section, thin-wall

Düse die*(e)*; nozzle *(im)*

Düse, offene open-channel nozzle, free-flow nozzle *(im)*

Düsenabhebeweg nozzle retraction stroke *(im)*

Düsenabhebung nozzle retraction *(im)*

Düsenabhub *see* **Düsenabhebung**

Düsenablagerungen deposits formed in the die *(e)*

Düsenanfahrgeschwindigkeit nozzle approach speed *(im)*

Düsenanlage nozzle contact *(im)*

Düsenanlagedruck *see* **Düsenanlagekraft**

Düsenanlagekraft nozzle contact force *(im)*

Düsenanlegebewegung nozzle forward movement

Düsenanpreßkraft *see* **Düsenanlagekraft**

Düsenausgang *see* **Düsenspalt**

Düsenaustritt die opening/orifice *(e)*, nozzle aperture *(im); the word is also used to denote melt coming out* **(austreten)** *of the die*

Es ist zu beachten, daß der Vorformling nach dem Düsenaustritt bis zum zehnfachen seines Volumens aufschäumt it should be noted that the parison expands to ten times its volume as it leaves the die

Düsenaustrittsöffnung *see* **Düsenspalt**

Düsenaustrittsspalt *see* **Düsenspalt**

Düsenaustrittstemperatur extrudate delivery temperature

Düsenbauart nozzle *(im)*/die *(e)* design, type of nozzle *(im)*/die *(e)*

Düsenbaustoff *see* **Düsenwerkstoff**

Düsenbohrung nozzle orifice/aperture *(im)*

Düsenbreite die width *(e)*

Düsendeformation nozzle deformation *(im)*

Düsendruck die pressure *(e)*

Düsendurchmesser die diameter *(e)*

Düseneinsatz die insert *(e)*

Düseneinstellung die adjustment/adjusting mechanism *(e)*

Düseneintrittdruck die head pressure *(e) (melt pressure as material enters the die)*

Düsenfahrgeschwindigkeit nozzle speed *(im)*

Düsenfluß flow volume *(amount of melt passing through the die)*

Düsenformen types of die *(e)*/nozzle *(im)*

Düsenhalterung die mount *(e)*

Düsenheizung nozzle heating *(im)*

Düsenhub nozzle stroke *(im)*

Düsenjustiereinrichtung die adjusting mechanism/device *(e)*

Düsenkanal manifold *(e)*

Düsenkennzahl die constant *(e)*

Düsenkörper die body *(e)*

Düsenkonstruktion die *(e)*/nozzle *(im)* design

Düsenkopf die head, extruder head, die *(see entry under* **Kopf***)*

Düsenlippe, einstellbare adjustable/flexible lip *(e)*

Düsenlippen die lips *(e)*

Düsenlippenspalt *see* **Düsenspalt**

Düsenmund *see* **Düsenspalt**

Düsenmundstück (outer) die ring *(e)*

Düsennähe, in near the nozzle *(im)*/die *(e)*

Düsenöffnung nozzle orifice *(im); see also* **Düsenspalt**

Düsenöffnungsdruck nozzle *(im)*/die *(e)* opening force

Düsenplatte die plate *(e)*; fixed/stationary platen *(im)*

Düsenquellung die swell *(e)*

Düsenring die ring *(e)*

Düsensatz die assembly *(e)*

Düsenschnellabhebung high speed nozzle retraction mechanism *(im)*

Düsenseite fixed/stationary mould half *(im)*

düsenseitig on the fixed/stationary mould half *(im)*

Düsensitz nozzle seating *(im)*

Düsenspalt die orifice/gap *(e)*

Düsenspaltbreite die gap width/thickness *(e)*

Düsenspaltverstellung die gap adjusting device *(e)*

Düsenspaltweite *see* **Düsenspaltbreite**

Düsenspitze nozzle point *(im)*

Düsenstandzeit (working) life of the die
 es wird eine größere Düsenstandzeit erreicht the die will last longer

Düsenteil die section *(e)*

Düsenteller *see* **Werkzeughalteplatte**

Düsenumfang die circumference *(e)*

Düsenversatz nozzle displacement *(im)*

Düsenverschluß *see* **Verschlußdüse**

Düsenvorlaufgeschwindigkeit nozzle advance speed *(im)*

Düsenwechsel replacing/changing the die
bei einem erforderlichen Düsenwechsel if the die needs changing

Düsenwerkstoff material of which the die *(e)*/nozzle *(im)* is made

Düsenwerkzeug *see* **Extrusionswerkzeug**

Düsenwiderstand die resistance *(e)*

Düsenzentrierung die centring device

Düsenziehverfahren pultrusion *(grp)*

Durchbiegung deflection

Durchbruch opening, aperture

Durchflußkühlung continuous flow cooling (system)

Durchflußmenge throughflow

durchgeschnitten fully-flighted *(screw)*

Durchhängen *see* **Aushängen**

Durchhang *see* **Aushängen**

Durchlaufanzeige flow indicator

Durchlaufmenge *see* **Durchsatz**

Durchlaufofen tunnel oven

Durchsatz throughput (rate/speed)

Durchsatzeinbuße reduction in throughput

Durchsatzleistung *see* **Durchsatz**

Durchsatzmenge *see* **Durchsatz**

Durchsatzregulierung flow control (device/mechanism)

Durchschnittsleistung mean/average throughput/output

Durchspritzverfahren *see* **Spritzen, angußloses**

Duroplast-Formteil thermoset moulding

Duroplast-Spritzgießmaschine thermoset injection moulding machine

Duroplast-Spritzgießverfahren thermoset injection moulding (process)

E

Ecken, tote *see* **Toträume**

Edelstahl stainless steel

Eilgang, im fast

Eilgangzylinder quick-action cylinder

Einarbeitung *see* **Formhöhlung**

einbauen to fit, to install

einbaufertig ready for installation

Einbetteil *see* **Einlegeteil**

eindosieren to feed, to add, to charge *(a material to an extruder, injection moulding machine etc.)*

Eindringgeschwindigkeit speed of penetration

Eindringtiefe depth of penetration

Einetagenwerkzeug *see* **Zweiplattenwerkzeug**

einfach, verfahrenstechnisch technically simple

Einfachextrusionskopf single-die extruder head

Einfachform one-/single-impression/-cavity mould *(im, bm)*

Einfachkniehebel toggle lever

Einfachkopf *see* **Einfach-extrusionskopf**

Einfach-Schlauchkopf single-parison die *(bm)*

Einfachschnecke single screw *(as opposed to* **Doppelschnecke** *(q.v.)*

Einfach-Schubschnecke single reciprocating screw

Einfachwerkzeug *see* **Einfachform**

Einfahren running-in

Einfallstellen sink marks *(im)*

Einflußgröße influencing factor

Einfrierbereich *see* **Einfrier-grenze**

Einfriergrenze frost line *(bfe)*

Einfriergrenzenabstand frost line height *(bfe)*

Einfüllabschnitt *see* **Einzugszone**

Einfüllbereich *see* **Einzugs-zone**

Einfüllgehäuse *see* **Einfüll-trichter**

Einfüllöffnung feed throat/ opening *(e)*

Einfüllschacht *see* **Einfüllöffnung**

Einfüllteil *see* **Einzugszone**

Einfülltrichter (feed/ material) hopper *(e, im)*

Eingabe input *(of data)*

eingängig single-start/ -flighted *(screw) (e)*

Eingangsgröße input variable

Eingangskontrolle control of incoming goods

Eingangsmassetemperatur melt temperature at the feed end *(of an extruder)*

Eingangssignal input signal

Eingangsspannung input voltage

Eingangsteil *see* **Einzugszone**

Eingangszone *see* **Einzugszone**

eingerastet engaged

eingeschwenkt in position *(part of a machine)*

Eingeschwindigkeitsschließeinheit single-speed clamp(ing) unit *(im)*

eingespeist, seitlich *see* **angeströmt, seitlich**

eingespeist, zentral *see* **angeströmt, zentral**

Einkammertrichter single-compartment hopper

Ein-Kavitätenwerkzeug *see* **Einfachform**

Einkomponenten-Schaumspritzgießverfahren one-component structural foam moulding (process)

Einkomponenten-Spritzgießverfahren conventional injection moulding *(it is not necessary here to translate the* **Einkomponenten** *part because conventional injection moulding is never anything else).*

Einkopfanlage single-die extrusion line

Einkreis-Kühlsystem single-circuit cooling system

Einlaufgehäuse *see* **Einfülltrichter**

Einlaufhülse *see* **Einzugsbuchse**

Einlaufmassetemperatur *see* **Eingangsmassetemperatur**

Einlauföffnung *see* **Einfüllöffnung**

Einlaufrohr feed pipe

einlaufseitig at the feed end

Einlaufteil *see* **Einzugszone**

Einlauftemperatur inlet temperature *(of water or oil);* feed temperature *(of melt)*

Einlauftrichter *see* **Einfülltrichter**

Einlaufwalze *see* **Einzugswalze**

Einlegeteil insert

Einmannbedienung one-man operation

Einrichten setting *(of a machine)*

Einrichter *see* **Maschineneinsteller**

Einrichtezeit setting time *(for a machine)*

Einsatz use, employment *(of machines, labour etc.)* *see also* **Einlegeteil**

einsatzgehärtet case hardened

Einsatzplatte insert plate

Einschaltautomatik automatic switch-on mechanism

Einschichtdüse single-layer die *(e)*

Einschicht-PS-Schaumhohlkörper single-layer expanded polystyrene container(s)

Einschnecke *see* **Einfachschnecke**

Einschneckenaggregat *see* **Einschneckenextruder**

Einschneckenanlage *see* **Einschneckenextrusionsananlage** *and* **Einschneckenextruder**

Einschneckenanordnung single-screw arrangement *(e)*

Einschnecken-Entgasungsextruder vented single-screw extruder

Einschneckenextruder single-screw extruder

Einschneckenextrusion single-screw extrusion

Einschneckenextrusionsanlage single-screw extrusion line

Einschnecken-Hochleistungsmaschine high speed, single-screw extruder

Einschnecken-Kurzextruder short single-screw extruder

Einschneckenmaschine *see* **Einschneckenextruder** *and* **Einschnecken-Spritzgießmaschine**

Einschnecken-Plastifizieraggregat single-screw plasticating/compounding unit

Einschnecken-Plastifizierextruder single-screw plasticating/compounding extruder

Einschneckenpresse *see* **Einschneckenextruder**

Einschneckenprinzip single-screw principle

Einschnecken-Spritzgießmaschine single-screw injection moulding machine

Einschnürung constriction

Einschraubdüse screw-in nozzle

einsetzbar, universell universal, general purpose *(machine)*

Einspeisebohrung *see* **Einfüllöffnung**

einspeisen *see* **eindosieren**

Einspeisepunkt *see* **Einspeisestelle**

Einspeisestelle feed point

Einspeisevorrichtung feed system/mechanism

Einspeisung feed (system)

Einspindelschnecke *see* **Einfachschnecke**

Einspritzaggregat injection unit *(im)*

Einspritzbaustein injection module *(im)*

Einspritzbedingungen injection conditions

Einspritzbewegung *see* **Einspritzhub**

Einspritzdruck injection pressure *(im)*

Einspritzdüse injection nozzle *(im)*

Einspritzeinheit *see* **Einspritzaggregat**

einspritzen to inject

Einspritzende end of injection
unmittelbar vor dem Einspritzende immediately before injection has been completed

einspritzfertig ready for injection

Einspritzgeschwindigkeit injection speed/rate, rate of injection

Einspritzgewicht *see* **Schußgewicht**

Einspritzhub injection stroke

Einspritzkolben *see* **Spritzkolben**

Einspritzkraft injection force *(im)*

Einspritzleistung injection capacity *(im)*

Einspritzleistung, installierte installed injection capacity/power *(im)*

Einspritzmenge injection rate; amount of material injected

Einspritzprogramm injection programme

Einspritzseite *see* **Düsenseite** *and* **Einspritzaggregat**

Einspritzsteuereinheit injection control unit

Einspritzstrom *see* **Einspritzgeschwindigkeit**

Einspritztemperatur injection temperature

Einspritzung injection; gating
Einspritzung in die Trennebene gating at the mould parting line

Einspritzvolumen injection/ shot volume *(im)*

Einspritzvorgang injection (process/operation)

Einspritzvorrichtung injection device

Einspritzzeit injection time, mould filling time *(im)*

Einspritzzylinder *see* **Spritzzylinder**

Einstationenanlage *see* **Einstationenmaschine**

Einstationenblasformautomat single-station automatic blow moulder/moulding machine

Einstationenblasformmaschine single-station blow moulder/moulding machine

Einstationenblasmaschine single-station blow moulding machine

Einstationenextrusionsblasformanlage single-station extrusion blow moulding line

Einstationenmaschine single-station machine

einstellbar variable, adjustable
einstellbar zwischen 25° und 60°C variable between 25° and 60°C

einstellbar, stufenlos steplessly/infinitely variable

Einstellbarkeit adjustability

Einstellrichtung adjusting/setting mechanism

Einstellelemente controls

Einstellen-Aufwicklung single-station winder/ wind-up (unit)

Einstellgrößen (machine) settings

Einstellparameter *see* **Einstellgrößen**

Einstellung setting, adjustment *(of a machine or instrument)*; discontinuance *(of a process or operation)*

Einstellwerte *see* **Einstellgrößen**

Einstückschnecke
one-piece screw *(as opposed to a* **Schaftschnecke** *(q.v.) which is a screw assembled from different sections pushed on to a shaft)*

Einstufen-Blasverfahren
single-stage blow moulding process

einstufig single-stage

Einwellenmaschine *see* **Einschneckenextruder**

Einwellenschnecke *see* **Einfachschnecke**

einwellig single-screw
einwellige Austragsschnecke single-screw delivery unit

Einzelaggregat single unit
Warmformmaschinen werden als Einzelaggregate, in Tandemanordnung oder als Rundtisch gebaut thermoforming machines are constructed as single units, arranged in tandem or on the rotary table principle.
Im folgenden wird kurz auf die Einzelaggregate einer automatischen Rohrfertigungsstraße eingegangen we shall now briefly describe the various units which make up an automatic pipe production line

Einzelantrieb seperate/individual/independent drive
Moderne Kalander haben für jede Walze Einzelantrieb in modern calenders each roll is driven separately

Einzelfertigungen one-off production, production of single/individual units

Einzelform separate/individual mould
Eine weitere Möglichkeit zum Herstellen von Platten besteht darin, sie in Einzelformen zu schäumen another way of producing sheets is to foam them in individual moulds

Einzelformnest-Zentrierung individual (mould) cavity centring device

Einzelkerne separate cores *(im)*

Einzelparameter-Regelkreis single-parameter control circuit

Einzelpunktanschnitt single pin gate *(im)*

Einzelregelkreis individual/ separate control circuit

Einzelschnecke *see* **Einfachschnecke**

Einzonenschnecke one-section screw

Einzug feeding *(of material to a machine)*

Einzugsbereich *see* **Einzugszone**

Einzugsbuchse feed bush

Einzugsgangtiefe feed section flight depth *(e)*

Einzugshilfe feeding aid

Einzugsnutbuchse grooved feed bush

Einzugsöffnung *see* **Einfüllöffnung**

Einzugsschnecke feed screw

Einzugsschwierigkeiten feed problems

Einzugstasche feed pocket

Einzugsteil *see* **Einzugszone**

Einzugsverhältnisse feed conditions

Einzugsverhalten feed performance

Einzugsvermögen feed capacity

Einzugswalze feed roll

Einzugszone feed section/ zone *(e)*

Einzugszonenabschnitt *see* **Einzugszone**

Einzugszonenbereich *see* **Einzugszone**

Einzugszonenteil *see* **Einzugszone**

Einzweckausführung special purpose design; *(see also* **Sondermaschine***)*

Einzweckextruder special purpose extruder

Elektrokontrollschrank *see* **Steuerschrank**

elektromotorisch electromotive

Elektroschaltschrank *see* **Steuerschrank**

Elektrosteuerung electric controls/control system

Elementbauweise modular/unit construction

Elementbauweise, offene *see* **Bauart, offene**

Endanschläge stops

Endlagendämpfung end-of-travel damping mechanism

Endschalter limit switch

Endtemperatur final temperature

Energieaufnahme energy input

energieaufwendig energy-intensive, requiring a lot of energy

Energiebedarf energy requirements

Energiebilanz energy balance

Energieeinleitung energy input

Energieeinsparung energy saving
Dies entspricht einer Energieeinsparung von etwa 45% this is equivalent to a saving in energy of about 45%

energiesparend energy saving

Energieumsatz energy conversion

Energieversorgung energy supply (system)

Energiezufuhr energy/power supply *(care may have to be taken in dealing with this word, as this example shows:*
Infolge zu starker Energiezufuhr wird die Schmelze stark überhitzt, thermisch geschädigt und abgebaut if the melt is overheated, it will be charred and degraded. *Although this departs considerably from the original, it conveys its meaning exactly)*

Entbutzen deflashing, flash removal *(bm)*

Entbutzstation deflashing station *(bm)*

Entbutzeinrichtung *see* **Entbutzvorrichtung**

Entbutzvorrichtung deflashing device *(bm)*

entfernen to remove

Entformbarkeit ease of demoulding

entformen to demould

Entformen, spritzteilschonendes demoulding without damaging the moulded article

Entformungshilfen demoulding aids

Entformungskraft demoulding force
Dies gilt besonders für Spritzlinge mit Hinterschneidungen, die höhere Entformungskräfte erfordern this particularly applies to injection mouldings with undercuts, which require more force to demould them

Entformungsprinzip method of demoulding

Entformungsrichtung direction of demoulding

Entformungsschräge *see* **Konizität**

Entformungsschwierigkeiten demoulding problems

Entformungstemperatur demoulding temperature

Entgasen deaeration, devolatilisation *(when applied to materials such as moulding powders)*
Entgasen von flüchtigen Bestandteilen removal of volatile constituents by deaeration;
venting *(when applied to an extruder or mould)*

entgast deaerated *(compound, melt or PVC paste from which air bubbles have been removed by deaeration e.g. by applying vacuum);* vented *(extruder or mould)*

Entgasung vent; *see also* **Entgasen**

Entgasungsaggregat *see* **Entgasungseinheit**

Entgasungsbereich *see* **Dekompressionszone**

Entgasungsbohrung *see* **Entgasungsöffnung**

Entgasungseinheit vented unit

Entgasungseinrichtung venting/devolatilising system
Doppelschneckenextruder mit Entgasungseinrichtung vented twin-screw extruder

Entgasungsextruder vented extruder

Entgasungskamin *see* **Entgasungsöffnung**

Entgasungskammer deaerating chamber *(the place where an agglomerate or melt is deaerated)*

Entgasungsmaschine *literally "vented machine", but since it usually refers to an extruder, "vented extruder" is the correct translation*

Entgasungsmöglichkeiten venting facilities
Erforderlich für optimale Extrusionsergebnisse sind ausreichende Entgasungsmöglichkeiten und die richtige Temperierung the essential conditions

for the best extrusion results are adequate venting facilities and correct temperature control

Entgasungsöffnung vent

Entgasungsplastifiziereinheit vented plasticising unit *(im)*

Entgasungsplastifizierung *see* **Entgasungsplastifiziereinheit**

Entgasungsqualität venting efficiency

Entgasungsschnecke vented screw *(e)*

Entgasungsschneckenpaar vented twin screws *(e)*

Entgasungsstutzen vent port

Entgasungssystem venting/devolatilising system

Entgasungstrichter vented/vacuum (feed) hopper

Entgasungsvorrichtung venting/devolatilising device/mechanism

Entgasungszone *see* **Dekompressionszone**

Entgasungszylinder vented barrel *(e)*

Entgratautomat automatic deflashing unit

Entgraten deflashing

Entgratungsstation deflashing unit

Entgratungsvorrichtung deflashing device

Entladestation unloading station

Entleerungsöffnung outlet

Entleerungsstutzen *see* **Entleerungsöffnung**

Entlüften *see* **Entgasen**

Entlüftungsbohrung *see* **Entgasungsöffnung**

Entlüftungskanal venting channel

Entlüftungslamelle venting lamella

Entlüftungsschlitz venting slit, vent groove

Entlüftungsspalt *see* **Entlüftungsschlitz**

Entlüftungsstift vent(ing) pin

Entlüftungssystem *see* **Entgasungssystem**

Entlüftungsvorrichtung *see* **Entgasungsvorrichtung**

Entnahmedrehtisch rotary take-off unit

Entnahmemaske *see* **Greifer**

Entnahmestation parts-removal unit *(which removes finished articles as they come off the machine)*

Entspannung devolatilisation/decompression *(of melt)*; relief *(of stresses or pressures)*

Entspannungszone *see* **Dekompressionszone**

Entstatisierungseinrichtung destatisising equipment

Ergänzungseinheit supplementary unit

erstarren to freeze *(melt in a mould) (im)*, to solidify, to set

Erstarrungsdauer *see* **Abkühlzeit**

Erstarrungslinie *see* **Einfriergrenze**

Erstarrungslinienhöhe *see* **Einfriergrenzabstand**

Erstarrungsschrumpf shrinkage on solidification

Erstwerkzeugkosten initial tooling costs

Erwärmungszeiten heating-up times

Etage daylight *(im) (it should be remembered that* **Etage** *is the space between two mould parts, which is why, for example, a* **Zweietagenwerkzeug** *is*

equivalent to a **Dreiplattenwerkzeug***)*

Etagenbauweise multi-daylight design
Spritzgießwerkzeug in Etagenbauweise multi-daylight injection mould

Etagenpresse multi-daylight press

Etagenspritzen multi-daylight injection/transfer moulding

Etagenspritzgießwerkzeug *see* **Mehretagenspritzgießwerkzeug**

Etagenwerkzeug *see* **Mehretagenwerkzeug**

Extrudat extrudate

Extruder extruder

Extruder, reversierender reciprocating extruder

Extruderanlage *see* **Extrusionsstraße**

Extruderanschluß extruder connection

Extruderantrieb extruder drive

Extruderaufhängung extruder suspension (unit)

Extruderbauart(en) type(s) of extruder

Extruderbaufirma extruder manufacturer

Extruderbaureihe extruder range, range of extruders

Extruderdrehzahl *see* **Schneckendrehzahl**

Extruder-Düseneinheit (extrusion) die assembly

Extruderdüsenkopf extruder head

Extruder-Einfüllbereich *see* **Einzugszone**

Extrudereinheit extruder unit

Extrudereinstellwerte extruder settings

Extrudereinzugsbereich *see* **Einzugszone**

Extruder-Fabrikat(e) make(s) of extruder

Extruderfahrwagen extruder carriage

Extruderfolie extruded film

Extrudergehäuse *see* **Extruderzylinder**

Extrudergetriebe extruder drive

Extruderhalle extrusion shop

Extruderkaskade *see* **Kaskadenextruder**

Extruderkonstruktion extruder design

Extruderkonzept *see* **Extruderkonstruktion**

Extruderkopf extruder head, die head

Extruderkühlung extruder cooling (system)
Neuerdings wird zur Extruderkühlung nicht nur Luft, sondern zusätzlich auch noch Wasser verwendet a recent development is cooling the extruder with water in addition to using air cooling

Extruderlänge *see* **Schneckenlänge** *(although the literal translation is "extruder length" what is meant, in fact, is the length of the screw, as the following example illustrates:*
Bei dem Verarbeiten von Elastomeren reicht eine Extruderlänge von 16D aus an extruder with a 16D screw is adequate for extruding elastomers

Extruderleistung extruder output/efficiency

Extruderlochplatte *see* **Lochscheibe**

Extrudermundstück *see* **Düsenmundstück**

Extruderprozeß *see* **Extrusion**

Extruderschnecke (extruder) screw

Extruderspeisung extruder feed
Da die Extruderspeisung über einen Trichter erfolgt since the extruder is fed from a hopper

Extruderstraße *see* **Extrusionsstraße**

Extrudersystem extruder system

Extrudertrichter *see* **Einfülltrichter**

Extrudertyp type of extruder

Extruderwerkzeug *see* **Extrusionswerkzeug**

Extruderzubehör extruder accessories

Extruderzylinder (extruder) barrel

extrudierbar extrudable

Extrudierbarkeit extrudability, extrusion performance

Extrudierbedingungen extrusion conditions

Extrudieren *see* **Extrusion**

Extrudiergeschwindigkeit extrusion speed/rate

Extrudierhöhe extrusion height, screw centre height *(height from ground level to centre line of extruder barrel)*

Extrudierwerkzeug *see* **Extrusionswerkzeug**

Extrusion extrusion

Extrusion, stetige continuous extrusion

Extrusion, taktweise intermittent extrusion

Extrusionsanlage *see* **Extrusionsstraße**

Extrusionsaufgaben extrusion objectives

Extrusionsbeschichten extrusion coating

Extrusionsbeschichtungsanlage extrusion coating line/plant

Extrusionsblasanlage extrusion blow moulding line

Extrusionsblasen *see* **Extrusionsblasformen**

Extrusionsblasformanlage extrusion blow moulding line/plant

Extrusionsblasformen extrusion blow moulding

Extrusionsblasformmaschine extrusion blow moulder/moulding machine

Extrusionsblasformprozeß extrusion blow moulding (process)

Extrusionsblasformverfahren *see* **Extrusionsblasformprozeß**

extrusionsblasgeschäumt extrusion blow foam moulded *(although this is acceptable, the translator would be better advised to base his translation on the interpretation given under* **TSB** *(q.v.), e.g.* **extrusionsblasgeschäumte PS Becher** cups made by extrusion blow moulding expandable polystyrene)

Extrusionsblasmaschine *see* **Extrusionsblasformmaschine**

Extrusionsblastechnik extrusion blow moulding (technology/process)
Aus den geschilderten Merkmalen der Extrusionsblastechnik . . . from the above described features of the extrusion blow moulding process...

Extrusionsblasverfahren *see* **Extrusionsblasformprozeß**

Extrusionsdruck extrusion pressure

Extrusionsdüse *see* **Extrusionswerkzeug**

Extrusionseinheit extrusion unit

Extrusionsformanlage combined extrusion-thermoforming line

extrusionsgeblasen extrusion blow moulded

Extrusionsgeschwindigkeit extrusion speed/rate, rate of extrusion

Extrusionshöhe *see* **Extrudierhöhe**

Extrusionskapazität extrusion rate/capacity

Extrusionskopf *see* **Extruderkopf**

Extrusionsmarke extrusion grade *(of moulding compound)*

Extrusionsmaschine *see* **Extruder**

Extrusionsmasse *see* **Extrusionsmischung**

Extrusionsmischung extrusion compound

Extrusionsmundstück *see* **Düsenmundstück**

Extrusionsrichtung extrusion direction

Extrusionsrunddüse *see* **Runddüse**

Extrusionsschnecke *see* **Extruderschnecke**

Extrusionsspinneinheit spinneret extrusion unit

Extrusionsstaudruck *see* **Rückdruck**

Extrusionsstraße extrusion line

Extrusionssystem extrusion system

Extrusionstechnik extrusion (technology), the technology of extrusion
Die Herstellung von Schlauchfolien ist eines der bedeutendsten Gebiete der Extrusionstechnik the manufacture of tubular film is one of the most important branches of extrusion technology

Extrusionstrichter *see* **Einfülltrichter**

Extrusionsverfahren extrusion (process)

Extrusionsverhalten extrusion performance

Extrusionsverlauf extrusion process/operation **Der Extrusionsverlauf gliedert sich in zwei Abschnitte** the extrusion process is divided into two stages

Extrusionswerkzeug (extrusion) die

Extrusionszylinder *see* **Extruderzylinder**

F

Fabrikationsüberwachung *see* **Fertigungskontrolle**

Fach *see* **Formhöhlung**

Fahrbewegung movement *(of a machine unit)*

Fahrgeschwindigkeit (machine) speed **Fahrgeschwindigkeiten beim Schließen und Öffnen** mould opening and closing speeds

Fahrgeschwindigkeitsüberwachung (machine) speed control mechanism

faltenfrei crease-free, free from creases, wrinkle-free

faltenlos *see* **faltenfrei**

Farbdruckvorrichtung colour printing unit

Farbkennzeichnungsmaschine colour coding machine

Faseranlage *see* **Faserextrusionsanlage**

Faserextrusionsanlage fibre extrusion line

Faserharzspritzanlage spray lay-up plant/equipment *(grp)*

Faserharzspritzen spray lay-up *(grp)*

Faßblasmaschine machine for blow moulding drums

Fassungsvermögen capacity

federbelastet spring loaded

federbetätigt spring actuated

Federpaket spring assembly

Fehlerortsignalisierung *see* **Störungsortsignalisierung**

Fehlersuchliste trouble-shooting chart

feineinstellbar accurately adjustable

feinfühlig sensitive *(instrument)*
feinfühlige Steuerung sensitive control

Feinjustierung fine adjustment

Feinmahlaggregat fine grinding machine

Feinregulierung *see* **Feinjustierung**

Feinschicht gelcoat *(grp)*

Feinstregulierung maximum-accuracy adjustment

feinstpoliert having a high polish

Feinvermahlen fine grinding

Fe-Ko Thermoelement iron-constantan thermocouple

Fell sheeted-out compound, strips *(c)*
Das gelierte Material wird auf einem Walzwerk zum Fell ausgezogen the gelled compound is sheeted out on the mill

Fellwendevorrichtung device which returns the sheeted-out compound to the mill

Ferneinstellung remote control adjustment/adjusting mechanism

Fernkontrolle *see* **Fernsteuerung**

Fernsteuerung remote control (unit)

Fertigung *see* **Herstellung**

Fertigungsanlage production line

Fertigungsextruder production scale extruder

Fertigungsgenauigkeit precision in manufacture

Fertigungsgeschwindigkeiten production rates/ speeds

Fertigungskontrolle production control

Fertigungskosten *see* **Herstellungskosten**

Fertigungslinie *see* **Fertigungsanlage**

Fertigungssteuerung control of a manufacturing process

Fertigungsstraße *see* **Fertigungsanlage**

fertigungstechnisch *relating to manufacture or production*
Wenn der seitliche Bandanschnitt aus fertigungstechnischen Gründen nicht angewandt werden kann if technical considerations prohibit the use of lateral film gating

Fertigungszeit production time

festfressen to seize (up)

Festmengen fixed amounts

Feststoff-Förderung solids conveying (system)

Feststoffkern solid core (of material)

Festwalze fixed roll

Fettzentralschmierung central grease lubrication (system)

F-Form *see* **Vierwalzen-F-Kalander**

Fibrillieren fibrillation *(a method of making film fibres from film tape, consisting essentially of splitting the tape lengthways)*

Filmanguß *see* **Filmanschnitt**

Filmanschnitt film gate *(im)*

Filmballon *see* **Folienschlauch**

Filtereinsatz filter insert

Filterkammer filter compartment

Fingerkühlung cooling by means of long, slender cooling channels *(method of cooling long core inserts in injection moulding)*

Fischschwanzdüse fishtail/ coathanger die *(e)*

Fischschwanzkanal fishtail/ coathanger manifold *(e)*

Fixierstift fixing pin

Flachdüse *see* **Flachfolienwerkzeug**

Flachfolie flat film

Flachfolienanlage flat film extrusion line/equipment

Flachfoliendüse *see* **Flachfolienwerkzeug**

Flachfolienextrusion flat film extrusion

Flachfolienmaschine flat film extruder

Flachfolienstreckverfahren flat film stretching/ orientation (process)

Flachfolienverfahren *see* **Flachfolienextrusion**

Flachfolienwerkzeug flat film (extrusion) die

flachgelegte Breite *see* **Breite, flachgelegte**

flachgeschnitten shallow-flighted *(screw) (e)*

Flachgewebe flat-woven fabric

Flachlegebleche *see* **Flachlegebretter**

Flachlegebretter collapsing boards *(bfe)*

Flachlegeeinrichtung *see* **Flachlegebretter**

Flachlegung *see* **Flachlegebretter**

Flachliegebreite *see* **Breite, flachgelegte**

Flachprofildüse flat-profile die *(e)*

Fläche, projizierte projected area

Flächenscherteil faceted smear head *(e)*

Flammspritzen flame spraying

Flanke flank

Flanke, aktive *see* **Stegflanke, vordere** *(e)*

Flanke, hintere *see* **Stegflanke, hintere**

Flanke, passive *see* **Stegflanke, hintere**

Flanke, treibende *see* **Stegflanke, vordere**

Flanke, vordere *see* **Stegflanke, vordere**

Flankenabstand *see* **Flankenspiel**

Flankenspiel flight land clearance, inter-screw clearance *(e) (clearance between the flight lands of twin screws)*

Flaschenblasanlage bottle blowing plant

Flaschenblasautomat automatic bottle blowing machine

Flaschenblasmaschine bottle blowing machine

Flaschenmaschine *see* **Flaschenblasmaschine**

Fließband conveyor belt

Fließbedingungen flow conditions

Fließfähigkeit flow, ease of flow

Fließfront melt/flow front

fließgerecht *designed or constructed to facilitate flow of a melt*
fließgerechtes Breitschlitzwerkzeug slit die designed to permit optimum melt flow

Fließgeschwindigkeit flow rate

Fließgießverfahren flow moulding (process)

Fließguß *see* **Fließgießverfahren**

Fließkanal flow channel

Fließkanalgestaltung flow channel design

Fließkorrektur flow correction

Fließlinie *see* **Bindenaht**

Fließmarkierungen flow marks

Fließnaht *see* **Bindenaht**

Fließprozeß continuous process

Fließquerschnitt flow channel diameter

Fließrichtung direction of flow

fließtechnisch *relating to flow or ease of flow*
fließtechnische Besonderheiten flow peculiarities
Der relativ einfach gebaute und kostengünstige Pinolenkopf bringt auf Grund der seitlichen Einspeisung fließtechnisch ungünstige Voraussetzungen the side-fed die, though of relatively simple design and inexpensive, does not provide ideal flow conditions

Fließverhalten flow characteristics

Fließweg (melt) flow path

Fließwiderstand flow resistance

Flüssigkeit, wärmeaustauschende heat exchanging fluid

Flüssigkeitsheizung fluid heating (system)

flüssigkeitstemperiert *derived from* **Flüssigkeitstemperierung** *(q.v.)*
Die Schnecken sind flüssigkeitstemperiert the screw temperature is controlled by means of a constant temperature fluid

Flüssigkeitstemperierung temperature control by means of a heating cooling fluid
Für thermisch empfindliche

und wenig stabilisierte Kunststoffe eignet sich ein solcher 2-Stufenextruder mit Flüssigkeitstemperierung von Schnecke und Zylinder besonders gut this type of two-stage extruder, whose barrel and screw temperatures are controlled by a heating cooling fluid, is specially recommended for thermally sensitive plastics containing only small amounts of stabiliser

Flüssig-Stickstoffkühlung liquid nitrogen cooling (system)

Fluidmischer fluid mixer

Flußkanal *see* **Fließkanal**

Förderaggregat conveying unit/equipment

Fördergut material being/to be transported/conveyed

Förderkapazität conveying/pumping capacity *(of screw)*

Förderlänge *see* **Einzugszone**

Förderleistung throughput/conveying rate

Fördermenge (material) throughput

Fördern transport, conveyance *(e.g. of melt in an extruder barrel)*

Förderorgan transporting/conveying unit/element
Das Einschneckenaggregat mit der Schnecke als Förder- und Plastizierorgan the single-screw extruder with the screw acting as conveying and plasticizing unit

Förderrichtung transport direction

Förderschnecke transport/conveying screw *(this is a constant pitch screw with constant root diameter, whose sole function it is to convey the melt along the barrel, in contrast to the* **Kernprogressivschnecke** *(q.v.) whose*

root diameter increases towards the tip and which compresses the melt)

Förderschnecke, kompressionslose *see* **Förderschnecke**

Förderungsgeschwindigkeit throughput rate

Förder-Ungleichmäßigkeiten uneven transport

Fördervorgang conveying process

förderwirksam with forced/positive conveying action **Plastifizierextruder mit förderwirksamer Einzugszone** plasticating extruder with a forced conveying feed section

Förderwirkungsgrad conveying effect

Förderzone *see* **Einzugszone**

Förderzyklus feed cycle

Folgeeinrichtung *see* **Nachfolgeaggregat**

Folgemaschine *see* **Nachfolgemaschine**

Folgeregelung sequence control

Folien, papierähnliche paper-like film

Folienabfall film scrap

Folienabziehwerk film take-off (unit)

Folienabzug film take-off/haul-off (unit)

Folienanlage film extrusion line; film blowing line *(depending on context)*

Folienaufbereitungsanlage film scrap re-processing plant

Folienaufwicklung film winder/wind-up (unit)

Folienbändchen film tape, film yarn

Folienbändchenanlage film tape production line

Folienbahn film web

Folienbahnführung film web guide

Folienbahnspannung *see* **Bahnspannung**

Folienballon *see* **Folienschlauch**

Folienband *see* **Folienbändchen**

Folienbandextruder film tape extruder

Folienbandreckanlage *see* **Folienbandstreckwerk**

Folienbandstreckwerk film tape stretching unit

Folienbeschaffenheit film quality/characteristics

Folienblasanlage *see* **Schlauchfolienanlage**

Folienblase *see* **Folienschlauch**

Folienblaseinheit film blowing machine

Folienblasen *see* **Schlauchfolienextrusion**

Folienblaskopf *see* **Schlauchfolienwerkzeug**

Folienblaskopf, seitlich eingespeister *see* **Pinolenblaskopf**

Folienblaskopf, stegloser *see* **Pinolenblaskopf**

Folienblasverfahren *see* **Schlauchfolienextrusion**

Folienbreite, flachgelegte *see* **Breite, flachgelegte**

Foliendickenabweichungen *see* **Foliendickenunterschiede**

Foliendickenunterschiede film thickness/gauge variations

Foliendüse *see* **Folienspritzwerkzeug**

Folienextrusionsanlage film extrusion line

Folienfertigbreite width of film after trimming

Folieninnenkühlung system for cooling the inside of the film bubble *(bfe)*

Folienkaschieranlage film laminating plant

Folienkopf *see* **Folienspritzwerkzeug**

Folienkühlung film bubble cooling system *(bfe)*

Folienlaufrichtung, in *see* **Laufrichtung, in**

Folienreckvorrichtung film stretching device

Folienregranulieranlage *see* **Folienschnitzel-Granulieranlage**

Folienschlauch film bubble *(bfe)*

Folienschlauchflachlegung *see* **Flachlegebretter**

Folienschlauchhalbmesser film bubble radius *(bfe)*

Folienschlupf slippage of sheet *(when being thermoformed)*

Folienschneidaggregat film slitter/slitting unit *(used to slit film into film tapes)*

Folienschnitzel-Granulieranlage film scrap conversion plant

Folienspritzwerkzeug *see* **Flachfolienwerkzeug** *or* **Schlauchfolienwerkzeug** *(depending on context)*

Folientransport film transport

Folien- und Bahnenware continuous film/sheeting

Folienverlegegerät (film) gauge equalising unit *(this equalises gauge variations across the width of the roll to avoid local diameter build-ups when operating with a stationary die head or winder)*

Folienvorbehandlungsgerät film pretreating instrument

Folienwickel reeled film

Folienwickelmaschine film winder

Folienwickelsystem film winding mechanism/system/arrangement

Folienwickler *see* **Folienwickelmaschine**

Folienziehen *see* **Kalandrieren**

Folienziehkalander sheeting calender

Form mould; shape

formatgerecht of the right/correct size

formatschneiden to cut to size

Formattoleranz dimensional tolerance

Formaufspannfläche *see* **Werkzeugaufspannfläche**

Formaufspannhöhe *see* **Werkzeugeinbauhöhe**

Formaufspannmaße *see* **Werkzeugeinbaumaße**

Formaufspannplatte *see* **Aufspannplatte**

Formaufspannplatte, düsenseitige *see* **Aufspannplatte, feststehende**

Formauftreibdruck mould opening force

Formautomat automatic thermoforming machine

Formbildungsprozeß moulding process/operation

Formbildungsvorgang *see* **Formbildungsprozeß**

Formdruck *see* **Werkzeuginnendruck**

Formeinarbeitung *see* **Formhöhlung**

Formeinbauhöhe *see* **Werkzeugeinbauhöhe**

Formeinbauraum *see* **Werkzeugeinbauhöhe**

Formeinheit mould assembly

Formenanschluß mould attachment

Formenbauer toolmaker, mould constructor

Formenbauteile mould components

Formenfüllung *see* **Formfüllvorgang**

Formenkonstruktion *see* **Werkzeugkonstruktion**

Formenkorrekturmaß mould correction factor

Formenöffnungs- und Schließspiel mould opening and closing cycle

Formenöffnungs- und Schließventil mould opening and closing valve

Formenschließgeschwindigkeit *see* **Schließgeschwindigkeit**

Formentemperierung *see* **Werkzeugtemperierung**

Formenträger mould carrier *(of a carousel-type foam moulding or injection moulding machine); see also* **Aufspannplatte**

Formenwerkzeug *see* **Werkzeug**

Formfahrgeschwindigkeit mould advance speed

Formfläche forming area *(t)*

Formfülldruck mould filling pressure

Formfüllgeschwindigkeit mould filling speed

Formfüllphase injection period, mould filling period

Formfüllprozeß *see* **Formfüllvorgang**

Form-Füll-Siegelmaschine form-fill-seal machine

Formfüllüberwachung mould filling monitoring system

Formfüllung mould filling
Bei bestimmten Bedingungen hängt die Geschwindigkeit der Formfüllung vom Durchmesser des Punktanschnittes ab under certain conditions

the rate at which the mould is filled depends upon the diameter of the pin gate

Formfüllvolumen *see* **Formnest-Füllvolumen**

Formfüllvorgang mould filling operation
Der Formfüllvorgang muß in kürzester Zeit vor sich gehen the mould must be filled as quickly as possible

Formfüllzeit mould filling time

Formgebung shape, shaping
spezielle Formgebung der Torpedospitze special shape of the torpedo tip

Formgebungsdruck *see* **Nachdruck**

Formgebungsphase *see* **Nachdruckzeit**

Formgebungsteil shaping/forming component
Kernstück der Anlage ist das Profilwerkzeug. Es ist das Formgebungsteil, das den Schmelzenstrang zum Profil formt the essential part of the machine is the profile die, which shapes the melt strand into the profile

Formgebungsverfahren moulding process

Formgestalter mould designer

Formhälfte *see* **Werkzeughälfte**

Formheizgerät mould heater

Formhöhenverstellung *see* **Werkzeughöhenverstellung**

Formhöhlung mould cavity

Formhohlraum *see* **Formhöhlung**

Formhohlraumtiefe (mould) cavity depth *(im)*

Forminhalt mould contents

Forminnendruck *see* **Werkzeuginnendruck**

Forminnenraum *see* **Formhöhlung**

Formkern core *(im)*

formkompliziert of complex shape

Formling *see* **Spritzteil**

Formmasse moulding compound

Formmasse, pulverförmige *see* **Pulvermischung**

Formmassetrichter *see* **Einfülltrichter**

Formnest *see* **Formhöhlung**

Formnestblock cavity plate *(im)*

Formnestdruck *see* **Werkzeuginnendruck**

Formnestentlüftung mould cavity venting
Möglichkeiten zur Formnestentlüftung methods of venting the mould cavity

Formnest-Füllvolumen (mould) cavity volume *(im)*

Formnestoberfläche *see* **Formoberfläche**

Formnestoberflächentemperatur cavity/mould surface temperature

Formnestwandung (mould) cavity wall

Formnestzahl number of impressions/cavities *(im)*

Formoberfläche mould/cavity surface

Formöffnungsbewegung *see* **Werkzeugöffnungsbewegung**

Formöffnungshub *see* **Formöffnungsweg**

Formöffnungsrichtung mould opening direction

Formöffnungsweg mould opening stroke

Formplatte mould plate

Formplatte, düsenseitige *see* **Gesenkplatte**

Formplatte, schließseitige *see* **Kernplatte**

Formpressen *see* **Preßformen**

Formschäumanlage foam moulding plant/equipment

Formschäumen foam moulding

Formschließaggregat *see* **Schließeinheit**

Formschließbewegung *see* **Werkzeugschließbewegung**

Formschließeinheit *see* **Schließeinheit**

Formschließen mould clamping

Formschließhub (mould) clamping stroke

Formschließkraft *see* **Schließkraft**

Formschließsicherung *see* **Werkzeugsicherung**

Formschließsystem *see* **Schließsystem**

Formschließverzögerung mould clamp delaying mechanism

Formschließzeit mould clamp/closing time

Formschließzylinder *see* **Schließzylinder**

Formschluß *see* **Schließsystem**

Formschlußgehäuse housing containing the mould clamping mechanism

Formschutz *see* **Werkzeugsicherung**

Formschwindung mould shrinkage

formstabil dimensionally stable

Formstation thermoforming station; moulding station

Formsteifigkeit rigidity *(when referring to a*

mould; **Form** *in this case means "shape", implying that the mould retains its shape)*

Formteil moulding, moulded article

Formteilautomat automatic moulding machine

Formteilbildungsprozeß *see* **Formbildungsprozeß**

Formteilbildungsvorgang *see* **Formbildungsprozeß**

Formteilebene *see* **Formtrennebene**

Formteilfläche, projizierte projected moulding area *(im)*

Formteilgestalt moulding shape

Formteilgröße moulding size, size of (the) moulding

Formteilkonstruktion moulding design

Formteilprojektionsfläche *see* **Formteilfläche, projizierte**

Formteilung *see* **Formtrennebene**

Formtemperatur *see* **Werkzeugtemperatur**

Formträgerplatte *see* **Aufspannplatte**

Formtrennebene (mould) parting surface/line

Formtrennfläche *see* **Formtrennebene**

Formtrennmittel mould release agent

Formtrennaht *see* **Teilungslinie**

Formtreue dimensional accuracy

Formungshilfe thermoforming aid

Formungskraft thermoforming force

Formungstemperatur (thermo)forming temperature

Formverfahren (thermo)forming process

Formwand(ung) *see* **Werkzeugwandung**

Formwerkstoff mould material
Als Formwerkstoffe eignen sich Zinklegierungen, Beryllium-Kupfer oder auch Aluminium moulds may be made of zinc alloys, beryllium-copper as well as of aluminium

Formwerkzeug *see* **Werkzeug**

Formzufahrkraft *see* **Schließkraft**

Formzuhaltekraft *see* **Zuhaltekraft**

Formzuhaltung (mould) locking mechanism

Fortentwicklung *see* **Weiterentwicklung**

Fotozellenausfallsicherung photo-electric shut-down device

Fräsen milling

Freisintern free sintering *(ptfe)*

freistehend free-standing

Freistrahl jet of material
Durch diese Maßnahme wird vermieden, daß in den Formenhohlraum ein Freistrahl hineinspritzt in this way one can prevent jetting. *(there seems to be no succinct German equivalent for the word "jetting" apart from the colloquial* **Würstchenspritzguß** *(q.v.). Whenever the text speaks of a jet of material suddenly and quickly entering the mould cavity the translator should use the term "jetting")*

fremdgesteuert separately controlled

Fremdmaterial contaminant, impurity *(any*

material introduced into, say, a moulding compound from an outside source)

Friktionierung frictioning *(c)*

Friktionsmischung frictioning compound *(c)*

Friktionsverhältnis friction ratio *(c)*

Frischluftzufuhr fresh air supply

Frostgrenze *see* **Einfriergrenze**

Frostlinie *see* **Einfriergrenze**

Fühler sensor, transducer, probe

Führungsbolzen guide bolt

Führungsbuchse guide bush

Führungsholm *see* **Führungssäule**

Führungsrolle guide roll

Führungssäule guide pin/pillar

Führungsschienen guide rails

Füllautomat automatic filling machine

Fülldruck *see* **Einspritzdruck**

Füllguttrichter *see* **Einfülltrichter**

Füllphase *see* **Formfüllphase**

Füllraum transfer chamber *(tm)*

Füllraumwerkzeug positive mould *(cm)*

Füllschnecke *see* **Einzugsschnecke**

Füllstandangeber *see* **Füllstandanzeige**

Füllstandanzeige level indicator

Füllstandüberwachung level monitor(ing unit)

Füllstation filling station

Fülltrichter *see* **Einfülltrichter**

Fülltrichterinhalt *see* **Trichterhinhalt**

Füllvolumen *see* **Formnest-Füllvolumen**

Füllwerkzeug *see* **Füllraumwerkzeug**

Füllzone *see* **Einzugszone**

Füllzylinder feed cylinder

Fünffachanguß five-point gating *(im)*

Fünffachverteilerkanal five-runner arrangement *(im)*

Fünfpunkt-Doppelkniehebel five-point double toggle

Fünfwalzenkalander five-roll calender

Fünfwalzen-L-Kalander five-roll L-type calender

Fütterstreifen strips for feeding to the calender

Funktionsablauf operating sequence

Funktionselemente operating/functional/ control elements

Funktionsprinzipien operating principles, principles of operation

Funktionssicherheit *see* **Betriebssicherheit**

Funktionsumfang range/ number of functions
Die „D“ Maschinen zeichnen sich durch einen großen Funktionsumfang der Grundmaschine aus the basic machines in the “D” range are capable of carrying out a large number of functions

Funktionsweise method of operation

G

Gängigkeit number of starts *(e)*

Galetten godets

Galettenstreckwerk godet roll stretch unit

Gang (screw) channel *(e)*

Gangbreite (screw) channel width *(e)*

Ganggrund (screw) root surface *(e)*

Gangprofil (screw) channel profile *(e)*

gangprogressiv with gradually increasing flight depth *(screw) (e)*

Gangsteigung pitch, lead *(e)*

Gangsteigungswinkel helix angle *(e)*

Gangtiefe flight depth *(e)* *(see also entry under* **Kanaltiefe***)*

Gangtiefenverhältnis flight depth ratio *(e)*

Gangvolumen (screw) channel volume *(e)*

Gangzahl number of flights *(e)*

Gatter creel *(txt)*

gaufrieren to emboss

Gebläsekühlung cooling fan

geblasen blown, blow moulded

Gegebenheiten, maschinentechnische technical conditions

Gegenbiegen *see* **Walzengegenbiegung**

Gegendrall-Doppelschnecke counter-rotating twin screw *(e)*

Gegendrallschnecke *see* **Gegendrall-Doppelschnecke**

Gegendrall-Schneckenextruder counter-rotating twin screw extruder

Gegendruckwalze backing roll

gegeneinanderlaufend *see* **gegenläufig**

gegenläufig counter-rotating, rotating in opposite directions *(twin screws)*

Gegenschnecke opposing screw *(e)*

Gehäuse casing, housing; barrel *(e)*

Gehäuseteile barrel sections *(e)*

gekapselt enclosed *(part of a machine)*

gelieren to gel, to fuse

Geliergrad degree of gelation/fusion

Gelierkanal fusion tunnel

Gelierofen fusion oven

Geliertemperatur fusion temperature

genutet grooved

genutet, spiralförmig *see* **spiralgenutet**

gepanzert hardened, hard faced

Geradeausspritzkopf straight-through/in-line die *(e)*

Geradeauswerkzeug *see* **Geradeausspritzkopf**

geräuscharm quiet in operation, low noise level *(machine, pump etc.)*

Geräuschdämpfungsmaßnahmen noise reduction measures

Geräuschpegel noise level

geregelt, thermostatisch thermostatically controlled

Gesamtanschlußwert total connected/installed load

Gesamtantriebsleistung total drive power

Gesamtheizleistung total heating (capacity/units)

Gesamtlänge total/overall length

Gesamtleistung, installierte *see* **Gesamtanschlußwert**

Gesamtleistung, installierte elektrische *see* **Gesamtanschlußwert**

Gesamtleistungsbedarf total power consumption

Gesamtspaltlast total nip pressure *(c)*

Gesamttemperaturniveau overall temperature

Gesamtzykluszeit total cycle time

geschädigt, thermisch charred *(polymer, during processing)*

geschnitten, durchgehend fully-flighted *(screw) (e)*

geschweißt welded

Geschwindigkeitsaufnehmer speed transducer

Geschwindigkeitsfernsteuerung remote speed control (mechanism)

Geschwindigkeitsfolge speed sequence

Geschwindigkeitsfühler *see* **Geschwindigkeitsaufnehmer**

Geschwindigkeitsprofil speed profile

Geschwindigkeitsprogramm speed programme

Geschwindigkeitsregler speed regulator

Geschwindigkeitsumschaltung speed changing mechanism

Geschwindigkeitsverteilung velocity distribution

Gesenk *see* **Formhöhlung** *(the word is also often used in place of* **Gesenkplatte** *(q.v.)*

Gesenkeinsatz cavity insert *(im)*

Gesenkhöhlung *see* **Formhöhlung**

Gesenkplatte cavity plate *(im)*

Gesenkseite fixed mould half *(im)*

gespeist, seitlich *see* **angeströmt, seitlich**

gespeist, zentral *see* **angeströmt, zentral**

gespritzt extruded; injection moulded

gestaffelt, 3-fach in three stages

Gestaltfestigkeit dimensional stability

Gestaltung design

Gestaltung, konstruktive *see* **Gestaltung**

gestaltungstechnisch *relating to design*
gestaltungstechnische Richtlinien design guidelines

gesteuert, numerisch digitally controlled

gestreckt, biaxial *see* **orientiert, biaxial**

Getriebe drive

Getriebegehäuse gearbox casing/housing

Getriebehohlwelle hollow drive shaft

Getriebekonstruktion drive design

Getriebeuntersetzung gear reduction

Getriebewelle drive shaft

Gewichtsdosiereinrichtung weigh feeder

Gewichtsdosierung weigh feeding/feeder

Gewindebohrung threaded hole

Gewindedorn-Ausdrehvorrichtung threaded mandrel unscrewing device/mechanism

Gewindeeinsatz thread insert

Gewindeflanke, aktive *see* **Stegflanke, vordere**

Gewindeflanke, passive *see* **Stegflanke, hintere**

Gewindekern threaded core

Gewindeschneiden thread cutting

GFK Wickelmaschine GRP filament winding machine

Gießanlage casting plant

gießen to cast *(resin)*; to pour *(liquids, granules, powders)*

Gießharz casting resin

Gießharztechnik casting resin technology

Gießharzteil castings

Gießmaschine casting machine

Gießverfahren casting (process)

Gießwalze casting roll *(used in chill casting of film)*

Glätteinheit *see* **Glättwerk**

Glättkalander polishing calender

Glättspalt polishing nip

Glätt- und Abziehmaschine polishing and take-off unit

Glättwalze polishing roll

Glättwalzen *see* **Glättwerk**

Glättwerk polishing stack

Glasfaserverteilung, wirre random arrangement of glass fibres

gleichbleibend constant, consistent
gleichbleibend hohe Spritzteilqualität consistently high moulding quality

Gleichdrall-Doppelschnecke co-rotating twin screw *(e)*

Gleichdrallschnecke *see* **Gleichdrall-Doppelschnecke**

Gleichdrall-Schneckenextruder co-rotating twin screw extruder *(e)*

Gleichgewicht, thermisches thermal equilibrium

gleichlaufend co-rotating, rotating in the same direction *(twin screws)*

gleichläufig *see* **gleichlaufend**

gleichsinnig *see* **gleichlaufend**

Granulat granules, granulated compound, pellets *(the word "granulate" is hardly, if ever, used)*

Granulatbehälter *see* **Einfülltrichter**

Granulatextrusion extrusion of granular compound

granulatförmig granular

Granulatkörner granules

Granulatkühlvorrichtung pellet cooling unit

Granulator granulator, pelletiser

Granulattrichter *see* **Einfülltrichter**

Granulatverarbeitung processing of granular materials

Granulatvorwärmer device for preheating pellets/granules/granular materials

Granulieranlage granulating/pelletising plant

Granulierdüse pelletiser die

Granuliereinrichtung *see* **Granulieranlage**

granulieren to granulate, to pelletise

Granulierextruder granulating extruder

Granulierflügel pelletising knife

Granulierkopf granulating head

Granuliermesserflügel *see* **Granulierflügel**

Grat flash

Gratbildung flash formation

gratfrei flash-free

Greifer grippers

Greifervorrichtung gripper arrangement

Grenzbedingungen boundary conditions

griffgünstig easily accessible

Grobgut coarse material

Großblasformanlage large-capacity blow moulding line

Großblasformmaschine large-capacity blow moulding machine

Großhohlkörper-Blasmaschine machine for making large blow mouldings

Großhohlkörperfertigung production of large containers, large-container production (unit)

Großproduktion large-scale production

Großrohrwerkzeug large-bore pipe die *(e)*

großtechnisch large-scale, on an industrial scale

Großwerkzeug large mould

Gründen, aus verfahrenstechnischen owing to the nature of the process

Grund *see* **Ganggrund**

Grundausstattung basic equipment

Grundbaustein basic unit

Grundbauteile basic components

Grundflächenbedarf *see* **Aufstellfläche**

Grundkonstruktion basic design

Grundkonzeption *see* **Grundkonstruktion**

Grundmaschine basic machine

Grundplatte base plate

Grundrahmen base frame

Grundreihe basic range *(of machines, equipment etc.)*

Grundschnecke basic screw

Grundspiel *see* **Kopfspiel**

Grundstellung normal position

gummiert rubber covered *(roller)*

Gummituchrakel knife-blanket/knife-over-blanket coater

Gummiwalze rubber covered (back-up) roll *(c)*

H

härtbar thermosetting, cross-linkable

Halbautomat semi-automatic machine

Halbautomatik semi-automatic system

halbautomatisch semi-automatic(ally)

halbkreisförmig semi-circular

Halbleiterleistungsschalter semi-conductor power switch

Halsabfälle *see* **Halsbutzen**

Halsbutzen neck flash *(bm)*

Halskalibrierung neck calibration, neck calibrating device *(bm)*

Halspartie neck section *(bm)*

Halsquetschkante neck pinch-off *(bm)*

Halsüberstände *see* **Halsbutzen**

Halswerkzeug neck mould *(bm)*

Haltebolzen retaining bolt

Haltedruck *see* **Nachdruck**

handbetätigt hand/ manually operated

Handbetrieb manual operation

handbetrieben *see* **handbetätigt**

Handgetriebe manual drive

Handlaminierverfahren hand lay-up process *(grp)*

Handstumpfschweißen manual butt welding

Hart PVC Extrusion extrusion of unplasticised PVC

Hart PVC Spritzguß injection moulding of unplasticised PVC

Hartextrusion *see* **Hart PVC Extrusion**

hartmetallbestückt carbide tipped

Hartmetallwerkzeug carbide tipped tool

Hartspritzguß *see* **Hart PVC Spritzguß**

Harzmatte prepreg, sheet moulding compound *(grp)*

Hauptantrieb main drive

Hauptantriebswelle main drive shaft

Hauptextruder main/principal extruder

Hauptschnecke main/ principal screw

Hauptspindel *see* **Hauptschnecke**

Hauptsteuerwarte main control room

Hauptverteilerkanal main runner *(im)*

Hauptverteilersteg *see* **Hauptverteilerkanal**

Hebezeug lifting gear/ tackle

Heißabschlageinrichtung die-face cutter/granulator

Heißabschlaggranuliereinrichtung *see* **Heißabschlageinrichtung**

Heißabschlaggranulierung die-face granulator/ granulation

Heißgasschweißen hot air welding

Heißgranulat gelled (granular) compound *(for feeding to a calender etc.)*

Heißgranuliervorrichtung *see* **Heißabschlageinrichtung**

Heißkanal hot runner *(im)*

Heißkanalanguß hot runner bush *(im)*

Heißkanalblock hot runner unit/manifold block *(im)*

Heißkanal-Doppelwerkzeug hot runner two-impression mould *(im)*

Heißkanaldüse hot runner nozzle *(im)*

Heißkanal-Etagenwerkzeug hot runner multi-daylight mould *(im)*

Heißkanalform *see* **Heißkanalwerkzeug**

Heißkanal-Formenbau hot runner tooling *(im)*

Heißkanal-Mehrfachanguß hot runner multiple gating *(im)*

Heißkanal-Nadelverschlußsystem hot runner needle shut-off mechanism *(im)*

Heißkanal-Spritzgießwerkzeug hot runner injection mould *(im)*

Heißkanalsystem hot runner system *(im)*

Heißkanalverteiler hot runner *(im)*

Heißkanalverteilerbalken *see* **Heißkanalblock**

Heißkanalverteilerblock *see* **Heißkanalblock**

Heißkanalverteilerplatte *see* **Heißkanalblock**

Heißkanal-Verteilersystem *see* **Heißkanalsystem**

Heißkanalwerkzeug hot runner mould *(im)*

Heißläufer *see* **Heißkanal**

Heißluftkanal hot air tunnel

Heißluftofen hot air oven

Heißmischung *see* **Pulvermischung**

Heißprägen hot embossing

Heißpreßverfahren hot press moulding *(grp)*

Heißschmelzeextruder *see* **Schmelzeextruder**

Heißsiegelautomat automatic heat sealer/sealing machine

Heißsiegelbeschichtung heat sealable coating

heißsiegelfähig heat sealable

Heißsiegelgerät heat sealing instrument

Heißwasser-Heizanlage hot water heating unit

Heißwasser-Umlaufheizung circulating hot water heating (system)

Heizband band heater, heater band

Heizblock *see* **Heißkanalblock**

Heizelementschweißen heated element welding

Heizelementstumpfschweißen heated element butt welding

Heizkanal heating channel

Heizkeilschweißen heated tool welding

Heizkörper heating element

Heizkreis heating circuit

Heizkreislauf heating circuit

Heiz-Kühleinrichtung heating-cooling unit

Heizkühlmanschette heating-cooling collar/ sleeve

Heiz-Kühlmischer heating-cooling mixer

Heiz-Kühlsystem heating-cooling system

Heiz-Kühlzone heating-cooling section/ zone

Heizleistung heating unit consumption, power consumption of heating unit, heating capacity

Heizleistung, installierte installed/connected heating capacity

Heizleistung, zugeführte *see* **Heizleistungsaufnahme**

Heizleistungsaufnahme heat input

Heizmanschette heating sleeve/collar

Heizmantel heating jacket

Heizmedium heating medium

Heizmischer heating mixer

Heizöltank-Blasmaschine machine for blow moulding fuel oil tanks

Heizöltankmaschine *see* **Heizöltank-Blasmaschine**

Heizpatrone cartridge heater

Heizplatte hotplate

Heizschlange heating coil

Heizschrank oven; fusion oven *(as used in PVC paste processing)*

Heizstation heating station

Heizstrecke heating tunnel

Heiz- und Kühlaggregat *see* **Heiz-Kühleinrichtung**

Heizzonen heating zones

Heizzylinder heating cylinder *(im)*

Herstellung manufacture *(of finished products)*; production *(of finished or semi-finished products)*
Herstellung von Blaskörpern manufacture/production of blow mouldings
Herstellung von Vorformlingen production of parisons

Herstellungskosten production/manufacturing costs

herstellungstechnisch *see* **fertigungstechnisch**
herstellungstechnische Vorteile advantages from the production point of view, production advantages

Herzkurve heart-shaped groove *(bm, bfe)*

Herzkurvendorn mandrel with a heart-shaped groove *(bm, bfe)*

Herzkurveneinspeisung heart-shaped groove type of feed system *(bm)*

Herzkurvenkanal *see* **Herzkurve**

Herzstück central/main part
Das Herzstück des Laminators ist die Kühlwalze the most important part of the laminating line is the cooling roll

HF-Druckvorbehandlungsgerät instrument for the HF pretreatment of surfaces prior to printing

HF-Schweißanlage HF welding line/equipment

Hilfestellung, verfahrenstechnische technical assistance

Hilfsabziehwerk auxiliary take-off/haul-off (unit)

Hilfsaggregat ancillary unit

Hilfsantrieb auxiliary drive

Hilfseinrichtungen *see* **Hilfsvorrichtungen**

Hilfskern auxiliary core

Hilfsschnecke *see* **Nebenschnecke**

Hilfsvorrichtungen ancillary equipment

hintereinandergeschaltet arranged in tandem *(e.g. two extruders)*

Hinterschneidungen undercuts

HK *abbr. of* **Heißkanal** *(q.v.)*

HKS *abbr. of* **Heißkanalsystem** *(q.v.)*

HM-Anlage HM-HDPE blown film plant

HM-Folie high molecular weight polyethylene film, paper-like polyethylene film

Hochdrucklaminat high pressure laminate

Hochdruckplastifiziereinheit high pressure plasticising/plasticating unit

Hochdruckplastifizierung high pressure plasticisation/plastication

Hochfrequenzschweißen high frequency welding

Hochfrequenzschweißmaschine high frequency welding machine

Hochfrequenzschweißverfahren high frequency welding (process/technique)

hochfrequenzverschweißbar capable of being high frequency welded

Hochgeschwindigkeitsextrusion high speed extrusion

Hochgeschwindigkeitskalibriersystem high speed calibrating/sizing system

hochglanzpoliert highly polished

Hochlauf, beim when running up to speed

Hochleistungs- high capacity/performance/speed, heavy duty *(which of these alternatives is used will depend on the type of machine or process involved. What is correct for one may not necessarily be so for another)*

Hochleistungsanlage high capacity/performance plant/machine

Hochleistungsblas-extrusionsanlage high capacity/performance extrusion blow moulding plant

Hochleistungsblasform-anlage high capacity/performance blow moulding plant

Hochleistungsblasform-automat automatic high capacity/performance blow moulding machine

Hochleistungsdoppel-schneckenextruder high speed twin screw extruder

Hochleistungsein-schneckenextruder high speed single-screw extruder

Hochleistungsextruder high speed extruder

Hochleistungsextrusion high speed extrusion

Hochleistungsgranulat-trockner high-performance pellet drier

Hochleistungsheizkörper heavy duty heater

Hochleistungsheizpatrone heavy duty cartridge heater

Hochleistungsinnen-mischer heavy duty internal mixer

Hochleistungskneter heavy duty kneader/mixer

Hochleistungsmischer heavy duty mixer

Hochleistungsplastifizier-aggregat heavy duty plasticator/plasticising unit

Hochleistungsschnecke heavy duty screw

Hochleistungsschnell-mischer heavy duty high speed mixer

Hochleistungsspritzgießen high speed injection moulding

Hochleistungsspritzgießmaschine high performance/heavy duty/fast cycling injection moulding machine

Hochleistungsverpackungsmaschine high speed packaging machine

Hochleistungswerkzeug heavy duty mould

Hochtemperaturthermostat high temperature thermostat

hochtourig high speed

hochverschleißfest extremly wear resistant

hochviskos high-viscosity

Höchstdruck maximum pressure

Höchstdruckplastifizierung ultra-high pressure plasticisation

höchstzulässig maximum permissible

höhenverstellbar adjustable in height, . . . whose height can be adjusted

hohlgebohrt drilled

Hohlkörper blow moulding, container, hollow item/article *(the last term should be used when describing, for example, PVC slush mouldings)*

Hohlkörper, geblasene blow mouldings, blown/blow moulded containers

Hohlkörperblasanlage *see* **Blasformanlage**

Hohlkörperblasautomat *see* **Blasformautomat**

Hohlkörperblasdüse *see* **Vorformlingswerkzeug**

Hohlkörperblasen *see* **Blasformen**

Hohlkörperblasformmaschine *see* **Blasformmaschine**

Hohlkörperblasmaschine *see* **Blasformmaschine**

Hohlkörper-Blas- und Füllautomat automatic blow moulding-filling machine

Hohlkörperfertigung *see* **Blasformen**

Hohlkörperform *see* **Blaswerkzeug**

Hohlkörperherstellung *see* **Blasformen**

Hohlkörperproduktionsanlage *see* **Blasformanlage**

Hohlkörperwerkzeug *see* **Blaswerkzeug**

Hohlnadel blowing/inflation needle *(bm)*

Hohlprofil hollow section

Hohlraum *see* **Formhöhlung**

Hohlraumaufweitung mould cavity expansion

Hohlräume *see* **Lunker**

Holm *see* **Säule**

Holmabstand, lichter *see* **Säulenabstand, lichter**

holmenlos without tie bars *(im)*

Holmführung guide pillar system
Spritzeinheit mit Holmführung injection unit on guide pillars

homogenisieren to homogenise

Homogenisierextruder compounding extruder

Homogenisierung homogenisation

Hub stroke

Hubbegrenzung stroke limitation, stroke limit switch/mechanism

Hubeinstellung stroke setting, stroke adjusting mechanism

Hubvolumen swept volume *(im)*

Hubzahl number of strokes *(im)*

Hubzählwerk stroke counter

Huckepack-Anordnung *see* **Kaskadenanordnung**

Hülsenausdrücksystem sleeve ejection system *(im)*

Hydraulik hydraulics, hydraulic system

Hydraulikaggregat hydraulic unit

Hydraulikblock *see* **Hydraulikaggregat**

Hydraulikkolben hydraulic ram

Hydraulikkreis hydraulic circuit

Hydrauliköl hydraulic oil

Hydraulikölbedarf hydraulic oil requirements

Hydrauliköl-Druckanzeige hydraulic system pressure gauge

Hydraulikspritzzylinder hydraulic injection cylinder

Hydrauliksystem *see* **Hydraulik**

Hydraulikzylinder hydraulic cylinder

Hydromotor hydraulic motor

I

Igelkopf *see* **Nockenmischteil**

imprägnieren to impregnate

Impulsschweißen impulse welding

Inbetriebnahme putting a machine, equipment etc. into operation

ineinandergreifend *see* **kämmend**

Infrarottunnel infra-red heating tunnel

Injektionsdüse injection nozzle *(im)*

Injektionskolben *see* **Spritzkolben**

Innendruck internal/inside pressure

Innenkalibrieren internal calibration/sizing

Innenkneter *see* **Innenmischer**

Innenkühlluftstrom internal cooling air stream *(bfe)*

Innenkühlsystem internal cooling system

Innenkühlung internal cooling (system)

Innenluftdruck internal/inside air pressure *(bfe)*
Der Innenluftdruck in der Blase the air pressure inside the film bubble

Innenluftkühlsystem internal air cooling system *(see also* **Folieninnenkühlung** *if in a bfe context)*

Innenluftkühlung internal air cooling (system)

Innenmischer internal mixer

Innenpanzerung wear resistant inner lining *(of extruder barrel); see also entry under* **gepanzert**

Intensivkneter see **Intensivmischer**

Intensivmischer intensive mixer

interessant, verfahrenstechnisch technically interesting, interesting from the processing point of view

Intrusionsverfahren intrusion (process)

Isolierbuchse insulating bush

Isolierkanal insulated runner

Isolierkanalform *see* **Isolierkanalwerkzeug**

Isolierkanalwerkzeug insulated runner mould *(im)*

Isolierverteiler insulated runner *(im)*

Istgröße *see* **Istwert**

Istwert true/actual value

Istwertanzeige true/actual reading indicator

Istwertkurve true/actual value curve

J

justierbar adjustable

justieren to adjust

K

Kabelspritzkopf *see* **Kabelummantelungswerkzeug**

Kabelummantelungsanlage cable sheathing plant

Kabelummantelungsdüse *see* **Kabelummantelungswerkzeug**

Kabelummantelungswerkzeug cable sheathing die *(e)*

Kältekreis *see* **Kühlkreis**

Kältekreislauf *see* **Kühlkreis**

Kälteleistung *see* **Kühlleistung**

Kältemaschine cooling equipment

Kältethermostat low temperature thermostat

kämmend intermeshing *(screws)*

kämmend, vollständig closely intermeshing *(e)*

Kämmspalt *see* **Kopfspiel**

Kalander calender

Kalanderabzugswalze calender take-off roll

Kalanderanlage *see* **Kalanderstraße**

Kalanderbauform calender type/design
Alle anderen Kalanderbauformen werden je nach Bedarf für spezielle Fälle benutzt all other types of calender are used for special applications, as required;
(calender) roll configuration

Kalanderbeheizung calender heating (system)

Kalanderbeschickung calender feed
Eine direkte Kalanderbeschickung ist möglich the calender can be fed direct

Kalandergeschwindigkeit calender speed

Kalanderlinie *see* **Kalanderstraße**

Kalandernachfolge calender downstream equipment

Kalanderspalt calender nip

Kalanderstraße calendering line

Kalanderströmung calender flow

Kalanderverfahren calendering (process)

Kalanderwalze calender roll

Kalanderwalzenspalt calender nip

Kalandrierbarkeit ease of calendering
Das Kriterium für die Kalandrierbarkeit einer Kautschukmischung the criterion for the ease with which a rubber compound can be calendered

Kalandrieren calendering

Kalandrierprozeß calendering (process)

Kalibrator calibrating/sizing device/mechanism *(e)*

Kalibrierblasdorn calibrating blowing mandrel *(bm) (the difference between this and a* **Blasdorn** *(q. v.) is that it shapes the bottle or container neck to the exact dimensions required i. e. it calibrates or sizes it. An ordinary* **Blasdorn** *inflates the parison without calibrating it.)*

Kalibrierblenden sizing/draw plates *(e) (used to calibrate very thin tubing)*

Kalibrierbohrung calibrator bore *(e)*

Kalibrierbüchse calibrating/ sizing sleeve *(e)*

Kalibrierdorn calibrating mandrel *(e) (not to be confused with* **Kalibrierblasdorn,** *q.v.)*

Kalibrierdüse calibrating/ sizing die *(e)*

Kalibriereinheit calibrating/ sizing unit *(e)*

Kalibriereinrichtung calibrating/sizing device/unit *(e)*

kalibrieren to calibrate, to size *(e)*

Kalibrierhülse *see* **Kalibrierbüchse**

Kalibrierkorb calibrating/ sizing basket

Kalibrierplatte *see* **Kalibrierscheibe**

Kalibrierring calibrating/ sizing ring *(e)*

Kalibrierrohr calibrating/ sizing tube *(e)*

Kalibrierscheibe calibrating/sizing plate *(e)*

Kalibrierspalt calibrating/ sizing nip *(e)*

Kalibrierstrecke calibrating/sizing section *(e)*

Kalibriertisch calibrating/ sizing table *(e)*

Kalibrierung calibration, sizing; calibrating section *(e)*

Kalibriervorrichtung calibrating/sizing device *(e)*

Kalibrierwerkzeug *see* **Kalibrierdüse**

Kaltformen cold forming

Kaltformmethoden cold forming/techniques/ methods

Kaltfütter-Extruder cold feed extruder

Kaltgranulat cold granular compound

Kaltkanalangußsystem cold runner feed system *(im)*

Kaltkanalverteiler cold runner *(im)*

Kaltkanalwerkzeug cold runner mould *(im)*

Kaltpressen cold press moulding *(grp)*

Kaltpreßwerkzeug cold press moulding tool *(grp)*

Kalttauchverfahren cold dipping (process)

Kaltverteiler *see* **Kaltkanalverteiler**

Kamin *see* **Entgasungsöffnung**

Kamm *see* **Stegoberfläche**

Kammer compartment; chamber *(e) (a twin screw term denoting that part of the channel of one screw which is not filled by the flight of the other, i.e. the space which, in closely intermeshing screws, is filled with polymer melt)*

Kammkante flight land edge *(e)*

Kanaltiefe (screw) channnel depth *(e) (this is the distance between the screw root surface and the barrel wall and should not be confused with* **Gangtiefe** *(q.v.) which is the distance between the root surface and the flight lands.* **Kanaltiefe,** *in other words, includes the clearance between the flight lands and the barrel,* **Gangtiefe** *does not. See DIN 24450 fig.1)*

Kanaltiefenverhältnis channel depth ratio *(e)*

Kanisterblasmaschine canister blow moulder/ moulding machine

Kantenbeschnitt *see* **Randbeschnitt**

Kantenschneider edge trimmer

Kantenschnitt *see* **Randbeschnitt**

Karussell-Blasaggregat rotary/carousel-type blow moulding unit

Karussellspaltmaschine rotary/carousel-type cutter

Kaschieranlage laminating plant

kaschieren to laminate

Kaschiermaschine laminating machine, laminator

Kaschierverfahren lamination, laminating process

Kaskadenanordnung cascade arrangement

Kaskadenextruder cascade (-type) extruder

Kaskadenregelung cascade control

Kavität *see* **Formhöhlung**

Kavitätenzahl number of impressions/cavities *(im)*

Kegelanguß *see* **Stangenanschnitt**

Kegelanschnitt *see* **Stangenanschnitt**

Kennlinie characteristic (curve)

Keramikbänder *see* **Keramikheizbänder**

Keramikheizbänder ceramic-insulated band heater(s)

Keramikheizkörper ceramic-insulated heater(s)

Kern root *(of a screw) (e),* mandrel *(part of die) (e);* core *(im) (the word is often used in place of* **Kernplatte** *(q.v.)*

Kernausschraubvorrichtung core unscrewing device/mechanism *(im)*

Kerndrehvorrichtung core rotating device/mechanism *(im)*

Kerndurchmesser root diameter *(e)*

Kerne, eingelegte core inserts

Kerneinsatz core insert *(im)*

Kernplatte core plate *(im)*

kernprogressiv with constantly increasing root diameter *(screw) (e)*

Kernprogressivität *term denoting that a screw is* **kernprogressiv** *(q.v.)*

Kernprogressivschnecke constant taper screw *(screw with constantly increasing root diameter)*

Kernseite *see* **Werkzeughälfte, bewegliche**

Kernspeicher *see* **Speicher, interner**

Kernstück *see* **Herzstück**

Kernträger *see* **Kernplatte**

Kernversatz core misalignment/displacement
...um einen Kernversatz zu vermeiden ...to prevent the core getting out of alignment

Kernzug core puller *(im)*

Kernzugsteuerung core puller control (mechanism) *(im)*

Kernzugvorrichtung core puller/pulling mechanism *(im)*

Kettbaum warp beam *(txt)*

Kettbaumfolie warp-beam film

Kettwirktechnik warp knitting *(txt)*

klappbar *see* **schwenkbar**

Kleiderbügeldüse coat-hanger die *(e)*

Kleiderbügelkanal coat-hanger manifold *(e)*

kleinflächig having a small surface area

Kleinhohlkörper small blow moulding(s)

Kleinserien short runs

Kleinspritzgießmaschine injection moulding machine for making small articles/components

Kleinstserien extremely short runs

Klemmbacken clamps, grippers

klimatisiert air-conditioned

Knet *see* **Masseknet**

Knetblockanordnung kneading block assembly

Knetelemente *see* **Knetscheiben**

Kneter kneader, compounder

Knetergehäuse kneader housing *(of a mixer or kneader)*; barrel assembly *(of a compounding unit)*

Knetflügel *see* **Knetschaufeln**

Knetgang *see* **Knetsteg**

Knetgehäuse kneading/ compounding section

Knetkammer *see* **Mischkammer**

Knetschaufeln mixing/ kneader blades

Knetscheiben kneading discs

Knetscheiben-Schneckenpresse screw compounder

Knetschnecke mixing/compounding screw

Knetschneckeneinheit compounding screw unit

Knetschneckenwelle *see* **Knetschnecke**

Knetspalt mixing gap *(of a mixing screw)*

Knetsteg mixing flight *(of a screw)*

Knetwelle *see* **Knetschnecke**

Kniehebel toggle

Kniehebel-Formschließaggregat toggle mould clamping unit

Kniehebelhub toggle stroke

Kniehebelmaschine toggle clamp (injection moulding) machine

Kniehebelmechanismus toggle mechanism

Kniehebelschließsystem toggle clamp system

Kniehebelsystem *see* **Kniehebelmechanismus**

Kniehebelverriegelung toggle lock mechanism/ system

Koextrudieren coextrusion

Koextrusionsanlage coextrusion line

Koextrusions-Blasanlage coextrusion blow moulding line/plant

Koextrusionsblasen coextrusion blow moulding

Koextrusionsblasversuche coextrusion blow moulding trials

Kokillen-Hartgußwalze chill-cast roll

Kolben plunger, ram, piston

Kolbenakkumulator *see* **Kolbenspeicher**

Kolbenbewegung plunger/ ram movement
Hat der Dorn die Düse passiert, wird die Kolbenbewegung beendet as soon as the mandrel has passed through the nozzle, the plunger stops moving

Kolbeneinspritzsystem plunger-type injection system

Kolbenextruder ram extruder

Kolbenhub piston/plunger/ ram stroke

Kolbeninjektor ram injection unit

Kolbenmaschine *see* **Kolbenspritzgießmaschine** *or* **Kolbenextruder,** *depending on context*

Kolbenplastifizierung plunger plasticisation *(im)*

Kolbenplastifizierzylinder plunger plasticising cylinder *(im)*

Kolbenpumpe piston/reciprocating pump

Kolbenringe hoops *(these are caused locally when film of uneven thickness is wound up tightly)*

kolbenringfrei free from hoops; *see also entry under* **Kolbenringe**

Kolbenspeicher ram accumulator *(e)*

Kolbenspritzeinheit plunger injection unit *(im)*

Kolbenspritzgießmaschine plunger-type injection moulder/moulding machine

Kolbenspritzsystem plunger injection mechanism *(im)*

Kolbenspritzzylinder plunger-type injection cylinder

Kolbenstopfaggregat ram feeder

Kolbenstrangpresse ram extruder

Kolbenvorlaufgeschwindigkeit plunger advance speed

kolbenwegabhängig piston/plunger/ram stroke-dependent, depending on the piston/plunger/ram stroke

Kombinationsflachfolie multi-layer/composite flat film

Kombinationsmöglichkeit possibility of combining *(different units of a machine)*

kombinierbar *that which can be combined with, or coupled to, or arranged in conjunction with (e.g. two or more machine units)*

Kompaktbauweise *see* **Bauart, geschlossene**

Kompaktspritzen *see* **Kompaktspritzguß**

Kompaktspritzgießmaschine conventional injection moulding machine *(see also entry under* **Kompaktspritzguß***)*

Kompaktspritzguß conventional injection moulding *(employing solid material - hence the word* **kompakt** *- as opposed to structural foam moulding)*

Kompressionsbereich *see* **Kompressionszone**

Kompressionsformen *see* **Pressformen**

Kompressionsphase (material) consolidation time *(im)*

Kompressionsschnecke compression screw *(e)*

Kompressionsverhältnis compression ratio *(e)*

Kompressionszone compression/transition zone/section *(e)*

komprimieren to compact, compress, consolidate

Komprimierzone *see* **Kompressionszone**

Konfektionieren manufacture, conversion, making-up *(e.g. from blown film, leathercloth etc.)*
Konfektionieren von Schlauchfolien conversion of blown film *(into bags)*

konisch conical

Konizität draft, draw *(im)*

Konstantspannungsquelle source of constant voltage

konstruiert, richtig correctly designed

Konstrukteur designer

Konstruktion design *(this word, as generally applied to plastics processing machinery, is hardly ever translated as "construction" which is* **Bau:**
Konstruktion und Bau von Werkzeugen design and construction of moulds

Konstruktionseinzelheiten design details

Konstruktionsmerkmale design features

Konstruktionsprinzipien design principles

konstruktiv aufwendig *see* **aufwendig, konstruktiv**

Konsumentenspritzguß injection moulding of consumer articles

Konsumspritzteile injection moulded consumer goods/articles

Kontaktheizung contact heating (unit)

Kontaktkühlwalze contact cooling roll/drum

kontaktlos solid-state, electronic

Kontaktverfahren contact moulding *(grp)*

Kontaktwalze pressure roll

kontinuierlich continuous(ly)

Kontraextruder contra-extruder

Kontraschnecke contra-screw

Kontrollgerät control instrument

Kontrollampe pilot light

Kontrollschrank *see* **Steuerschrank**

Konvektionsverluste heat losses due to convection

Konzentrizität concentricity

Konzept concept, idea, design

Kopf extruder head/die *(when* **Kopf** *is linked to words like* **Schlauch, Rohr** *etc., i.e. denoting manufactured products, it is normally translated like* **-werkzeug.** *See* **Rohrkopf, Schlauchkopf, Profilkopf.** *On the other hand,* **Speicherkopf** *is translated as "accumulator head")*

Kopfgranulierung *see* **Heißabschlaggranulierung**

Kopfkonstruktion extruder head design

Kopfspeicher melt accumulator *(bm)*

Kopfspeichersystem melt accumulator system *(bm)*

Kopfspiel flight clearance *(this is the clearance between the flight land of one screw and the root surface of the other in a twin screw assembly)*

Kopftemperatur die head temperature

Kopplungsmöglichkeiten possibilities of linking/connecting
Hydraulische Steuerungen mit einfachen Kopplungsmöglichkeiten mit elektronischen Steuerungen hydraulic controls which can easily be linked to electronic controls

Korrekturfaktor correction factor

kostengünstig inexpensive

kraftschlüssig non-positive, flexible *(connection or link)*

Kraftschluß *connection where power is transmitted by frictional contact*
Die Kraft wird durch Kraftschluß übertragen the power is transmitted by friction

Kraftübertragung transmisssion of force

Kragarm cantilever arm

kreisförmig circular

Kreisprofildüse round profile die *(e)*

kreisrund round, circular

Kreisschneidevorrichtung circular cutting device

Krümmer elbow

Kühlabschnitt cooling section

Kühlabzugsanlage cooling-take-off unit

Kühlbad cooling bath *(general term);* quench bath

(for cooling extruded pipe or film)

Kühlbohrung *see* **Kühlkanal**

Kühldorn cooling mandrel *(bfe)*

Kühldüse cooled die *(e) see also entry under* **Kühldüsenverfahren**

Kühldüsenverfahren extrusion through a cooled die *(special process for producing void-free solid profiles from partly crystalline thermoplastics, described in Kunststoffe 67 (1977) 10 p.594)*

Kühldüsenwerkzeug *see* **Kühldüse**

Kühlkanal cooling channel

Kühlkanalabstände distance between the cooling channels

Kühlkanalanordnung cooling channel layout

Kühlkapazität *see* **Kühlleistung**

Kühlkreis cooling circuit

Kühlkreislauf *see* **Kühlkreis**

Kühlleistung cooling capacity/efficiency
Hier spielt besonders die Kühlleistung eine Rolle here, efficient cooling is particularly important

Kühlluft cooling air

Kühlluftanblaswinkel cooling air impingement angle *(bfe)*

Kühlluftring *see* **Kühlring**

Kühlmantel cooling jacket

Kühlmedium cooling medium

Kühlmischer cooling mixer

Kühlmittel coolant

Kühlpartie *see* **Kühlstrecke**

Kühlring cooling/air ring *(bfe)*

Kühlrippen cooling fins

Kühlschlange cooling coil

Kühlstation cooling station

Kühlstrecke cooling zone/ section

Kühlsystem cooling system

Kühltrog *see* **Kühlwanne**

Kühltrommel cooling drum

Kühltunnel cooling tunnel

Kühlwalze cooling roll; chill roll *(e)*

Kühlwalzenverfahren *see* **Chillroll-Verfahren**

Kühlwanne cooling trough

Kühlwasserablauf cooling water outlet

Kühlwasserablauftemperatur cooling water outlet temperature

Kühlwasseranschluß cooling water connection

Kühlwasserkreislauf cooling water circuit

Kühlwasserverteiler cooling water manifold

Kühlwasserzufuhr *see* **Kühlwasserzulauf**

Kühlwasserzulauf cooling water inlet

Kühlwasserzulauftemperatur cooling water inlet temperature

Kühlwendel cooling coil

Kühlzeit *see* **Abkühlzeit**

Kühlzone *see* **Kühlstrecke**

kunstkautschukbeschichtet synthetic rubber coated/ covered *(rolls)*

Kunststoffabfälle plastics scrap/waste(s)

Kunststoffaufbereitungsmaschine plastics compounder

Kunststoffausschuß *see* **Kunststoffabfälle**

Kunststoffbeschichtungsanlage plastics coating plant/equipment

Kunststofformmasse plastics moulding compound

Kunststoffgranulat plastics granules/pellets

Kunststoffhohlkörper *see* **Hohlkörper** *(there is no need to give a literal translation since* **Kunststoff** *will invariably be obvious from the context)*

Kunststoffprofil-Ablängeautomat automatic device for cutting plastics profiles into lengths

Kunststoffschleudermaschine centrifugal casting machine

Kunststoffschmelze polymer/plastics melt

Kunststoffschneckenpresse plastics extruder

Kunststoffspritzerei plastics injection moulding shop

Kunststoffteilchen polymer/plastics particles

Kunststoff, technischer engineering plastic

Kurzkompressionsschnecke short-compression zone screw

Kurzschneckenextruder short-screw extruder

L

Laborbeschichtungsanlage laboratory coating machine/line

Laborextruder laboratory extruder

Laborkalander laboratory calender

Labormeßextruder *see* **Laborextruder**

Laborziehgerät laboratory thermoforming machine

Labor-Zweiwellenkneter laboratory twin screw kneader/mixer

Längsmarkierungen *see* **Stegmarkierungen**

Längsnuten longitudinal grooves

Längsorientierung orientation in machine direction

Längsrichtung, in *see* **Laufrichtung, in**

Längsschneideeinrichtung *see* **Längsschneidevorrichtung**

Längsschneidevorrichtung longitudinal cutter

Längsschwindung longitudinal shrinkage

Längsspritzkopf *see* **Längsspritzwerkzeug**

Längsspritzwerkzeug straight-through/in-line (extrusion)die

Längsstreckmaschine longitudinal stretching machine

Längsstreckwerk longitudinal stretching unit

Längstrenneinrichtung longitudinal cutter

längsverstreckt longitudinally oriented *(film)*

Längswellvorrichtung longitudinal corrugating device

Lagergehäuse bearing housing

Lagerzapfen journal

Laminarflußverteiler laminar flow distributor

Laminator laminating unit

laminieren *see* **kaschieren**

Laminierform laminating mould *(grp)*

Laminierkalander laminating calender

Laminiermaschine *see* **Kaschiermaschine**

Langkompressionsschnecke long-compression zone screw *(e)*

Langsamläufer slow speed machine

langsamlaufend slow speed

Langzeitfilter long-life filter

Langzeitschweißfaktor long-term welding factor

Lauf, geräuscharmer quiet in operation, low noise level

laufend, unrund eccentric

Laufrichtung, in in machine direction

Laufruhe, hohe very quiet in operation

laufruhig *see* **geräuscharm**

Leckage leakage

Leckströmung leakage flow *(e)*

Leerlaufzeit *see* **Nebenzeit**

Leerlaufzyklen, Anzahl der *see* **Trockenlaufzahl**

Leichtbauweise lightweight construction

Leistung, installierte installed/connected load

Leistungsaufnahme power input

Leistungsbedarf power consumption

Leistungsbilanz *see* **Energiebilanz**

Leistungsdaten performance data *(of a machine)*

leistungsfähig *see* **leistungsstark**

Leistungsfähigkeit efficiency, output, performance *(of a machine)*

Leistungsgrenze output limit

Leistungsmerkmale performance features

Leistungsreserven power reserves

leistungsschwach inefficient

leistungssparend power saving

leistungsstark powerful, efficient, high-output

Leistungssteigerungen increased outputs/ efficiency

Leitbleche bubble guides *(bfe); see also* **Flachlegebretter**

Leitplatten *see* **Leitbleche**

Leitstangen guide bars, bubble guides *(bfe)*

Leuchtanzeige light signal

Leuchtanzeigetableau light signal indicator panel

L-Form *see* **Vierwalzen-L-Kalander**

Lichtpunktlinienschreiber light spot line recorder

Lichtweite *see* **Säulenabstand, lichter**

Linksgewinde left-hand thread

Lippe, biegsame *see* **Lippe, einstellbare**

Lippe, einstellbare adjustable lip *(e)*

Lippe, feste fixed lip *(e)*

Lippenelemente (die) lip elements *(e)*

Lippenpaar die lips *(e)*

Lippenpartie *see* **Lippenpaar**

Lippenspalt *see* **Düsenspalt**

Lochbild pattern of tapped holes in platen *(for mould mounting) (im)*

Lochdornhalter *see* **Lochscheibendornhalter**

Lochdornhalterkopf *see* **Lochdornhalterwerkzeug**

Lochdornhalterwerkzeug die with breaker plate-type mandrel support *(e)*

Lochdüse perforated die *(e)*

Lochkarte punched card

lochkartengesteuert controlled by punched cards

Lochkartensteuerung punched card control (system)

Lochplatte pelletiser die *(this word is sometimes used instead of* **Lochscheibe** *(q.v.). It may sometimes also be translated simply as "perforated disc" e.g.* **Der Vakuumtopf enthält eine Lochplatte mit großer Bohrungszahl** the vacuum pot contains a perforated disc with many holes)

Lochring *see* **Lochscheibe**

Lochscheibe breaker plate *(e); see also* **Lochplatte**

Lochscheibendornhalter breaker plate-type mandrel support *(e)*

Lochsuchgerät pore detector

Lochtragring *see* **Lochscheibendornhalter**

Luftaustritt air outlet

Luftauswerfer air ejector *(im)*

Luftbürste air brush

Lufteinschlüsse entrapped air

Lufteintritt air inlet

luftgekühlt air cooled

Luftkanal air duct

Luftkissen air cushion

Luftkühlaggregat air cooling unit

Luftkühlring *see* **Kühlring**

Luftkühlung air cooling unit/system

Luftmesser *see* **Luftrakel**

Luftrakel air knife

Luftumwälzofen air circulating oven

Luftumwälzung air circulation **Zum Erzielen einer gleichmäßigen Temperaturverteilung muß eine Luftumwälzung vorgesehen werden** to achieve uniform temperature distribution, the air should be made to circulate freely

Luftzuführungsschlauch air supply line

Luftzufuhr air supply *see also* **Lufteintritt**

Lunker void(s)

lunkerfrei void-free

M

Magnetventil solenoid valve

Mahlgut material being/to be ground; regrind

Mahlraum grinding compartment

Mahlwalzwerk grinding rolls

Mantelthermoelement jacketed thermocouple

Maschinenabschaltung machine cut-out

Maschinenausrüstung equipment

Maschinenbediener machine operator

maschinenbedingt due to the machine

Maschinenbeschädigungen damage to a machine *(see entry under* **Bedienungsfehler** *for a translation example)*

Maschinenbetrieb machine operation
Ein besonders wirtschaftlicher Maschinenbetrieb wird gewährleistet the machine is specially economic to run

Maschinenbett machine base *(this word is often used instead of* **Maschinengestell** *(q.v.) so that the translator must use his discretion)*

Maschinenbewegungen machine movements

Maschineneffizienz machine efficiency

Maschineneinflußgrößen factors influencing the machine's performance

Maschineneinrichtungen *see* **Maschinenausrüstung**

Maschineneinsteller machine setter

Maschineneinstellungen machine settings

Maschinenelemente machine components

Maschinenerstausrüstung equipment included when the machine was originally supplied
Die Wahlausrüstungen müssen bei der Maschinenerstausrüstung festgelegt werden optional equipment must be selected at the time the machine is ordered

Maschinengeschwindigkeit machine speed

Maschinengestell machine frame

Maschinenkonzept(ion) machine design

Maschinenlängsachse longitudinal machine axis

Maschinenlagerung machine support

Maschinenlauf machine operation
geräuscharmer Maschinenlauf the machine is quiet in operation

Maschinenpark available machines/equipment
Die Vorplastifizierung ist vom Produktionsprogramm und vom Maschinenpark abhängig pre-plasticisation depends on the range of products being made and on the equipment available

Maschinenpult *see* **Steuerpult**

Maschinenrahmen *see* **Maschinengestell**

Maschinenrückseite back of the machine

maschinenseitig on the machine
maschinenseitig angebracht attached to the machine

Maschinenständer *see* **Maschinengestell**

Maschinenstellgröße machine variable

Maschinenstörung *see* **Betriebsstörung**

Maschinenstumpfschweißung machine butt welding

Maschinenstundensatz cost of the machine per hour

maschinentechnisch *relating to machinery or equipment*
Die verfahrenstechnischen Weiterentwicklungen des klassischen Spritzgießverfahrens in letzter Zeit sind direkte Folgen der maschinentechnischen Entwicklung recent technical developments in the classic injection moulding process are the direct result of developments in the machine sector
maschinentechnische Voraussetzungen machine requirements
Diese Funktionen werden durch die nachfolgend beschriebene maschinentechnische Ausrüstung realisiert these functions are carried out by the equipment described below.
Deshalb empfiehlt sich eine maschinentechnische Trennung it is therefore advisable to use separate machines

Maschinentrichter *see* **Einfülltrichter**

Maschinenumbaukosten machine rebuilding costs

Maschinen- und Apparatebau machinery and equipment manufacture

Maschinenverschleiß machine wear
um den Maschinenverschleiß in Grenzen zu halten to keep wear of the machine within limits

Masse melt *(this word describes the compound which has been heated to a plastic condition in an extruder barrel or the cylinder of an injection moulding machine. The term "stock" is sometimes used in this connection,* *although this, strictly speaking, refers to uncured rubber compound);* material

Masseanhäufung(en) *see* **Materialansammlung(en)**

Masseaustritt melt delivery *(sometimes the word also denotes the place where the melt leaves a machine e.g.*
Mit der Zylindertemperierung der ABC Extruder kann von der Einzugszone bis zum Masseaustritt ein optimales Temperaturprofil gefahren werden thanks to the barrel temperature control system of ABC extruders, an optimum temperature profile can be achieved from the feed zone right through to the die;
escape of material
Ein Masseaustritt an der Entgasungsöffnung kann nur durch Unterdosierung verhindert werden material can only be prevented from escaping through the vent by underfeeding

Masseaustrittstemperatur melt exit temperature
Die Masseaustrittstemperaturen liegen unter 250°C the temperature of the melt as it leaves the die is below 250°C

Massebehälter *see* **Einfülltrichter**

Massedruck melt pressure

Massedruckanzeige melt pressure indicator

Massedruckaufnehmer melt pressure sensor/transducer

Massedruckgeber melt pressure gauge/indicator

Massedruckverlauf melt pressure profile

Massedurchsatz melt throughput

Masseeinzug material feed

Massefluß melt/material flow

Masseknet bank *(c)*

Massepolster melt cushion

Massespeichersystem melt accumulator system *(bm)*

Massestrang melt strand

Massestrom melt stream

Masseteilströme *see* **Schmelzeteilströme**

Massetemperatur melt temperature

Massetemperaturanzeige melt temperature indicator

Massetemperaturfühler melt thermocouple

Massetemperaturmessungen melt temperature determinations
Wegen technischer Schwierigkeiten, die Massetemperaturenmessungen im Zylinder bereiten since it is technically difficult to measure melt temperature inside the barrel

Massetrichter *see* **Einfülltrichter**

Masseweg *see* **Fließweg**

Mastiziereffekt masticating effect

Maß, nach *see* **maßgeschneidert**

Maßgenauigkeit dimensional accuracy

maßgeschneidert custom-built *(machine)*

Maßtoleranzen dimensional tolerances

Materialanhäufung(en) *see* **Materialansammlung(en)**

Materialansammlung(en) material accumulation(s)

Materialaustrag product discharge

Materialaustritt *see* **Masseaustritt**

Materialdosierung material feed/dispensing (mechanism/system)

Materialdurchsatz material throughput

Materialeinfüllöffnung *see* **Einfüllöffnung**

Materialeinlaßventil material inlet valve

Materialeinlauf *see* **Einfülltrichter**

Materialeinsparungen material savings

Materialeinzug *see* **Masseeinzug**

Materialfluß material flow

Materialfülltrichter *see* **Einfülltrichter**

materialgerecht *see* **werkstoffgerecht**

Materialkuchen (piece of) pre-compressed moulding compound; pre-compressed material *(cm)*

Materialmenge, vordosierte pre-weighed amount of material

materialspezifisch *see* **werkstoffspezifisch**

Materialstrahl *see* **Freistrahl**

Materialtrichter *see* **Einfülltrichter**

Materialüberschuß excess material

Materialwulst bead (of material *(w)*; *see also* **Masseknet**

Materialzufuhr, automatische automatic material feed (system/mechanism)

Materialzufuhr-Vorrichtung material feed mechanism

Matrize female mould *(t)*; cavity plate *(im)*

Matrizenbelüftung forcing air into the mould cavity *(to help in ejection of a moulded article) (im)*

matrizenseitig on the fixed mould half, on the cavity half *(im)*

Maximaldrehzahl maximum speed

Maximaldruck maximum pressure

Mehretagenwerkzeug multi-daylight mould *(im)*

Mehretagenspritzgießwerkzeug multi-daylight injection mould

mehretagig multi-daylight *(im)*

Mehrfachanbindung *see* **Mehrfachanschnitt**

Mehrfachanguß *see* **Mehrfachanschnitt**

Mehrfachanschnitt multi-point gating *(im)*

Mehrfachanspritzung *see* **Mehrfachanschnitt**

Mehrfachbandanschnitt multiple film gate *(im)*

Mehrfachblasdüse blown film coextrusion die

Mehrfachdosierung multiple metering/feed (system)

Mehrfachdüse multiple die *(e)* /nozzle *(im)*

Mehrfachextrusionskopf *see* **Mehrfachkopf**

Mehrfachform multi-impression/-cavity mould

Mehrfachgewinde multiple thread

Mehrfachheißkanalform multi-impression/-cavity hot runner mould *(im)*

Mehrfachkopf multiple die head *(e)*

Mehrfachpunktanschnitt multi-point pin gate, multiple pin gate *(im)*

Mehrfachraupenabzug multiple caterpillar take-off (unit)

Mehrfachschlauchkopf multi-parison die *(bm)*

Mehrfachspritzgießen multi-cavity injection moulding

Mehrfachspritzgußwerkzeug multi-impression/-cavity injection mould

Mehrfachtunnelanschnitt multiple tunnel gate *(im)*

Mehrfachwerkzeug multi-impression/-cavity mould *(im)* multi-exit die *(e)*

Mehrfarbenspritzgießen multi-colour injection moulding

Mehrfarbenspritzgießmaschine multi-colour injection moulder/moulding machine

mehrgängig multiple-flighted, multi-start *(screw) (e)*

Mehrkanalbreitschlitzwerkzeug multiple-manifold slit die *(e)*

Mehrkanallinienschreiber multi-channel line recorder

Mehrkanalwerkzeug multiple-manifold die *(e)*

Mehrkomponenten-Schaumspritzgießverfahren *see* **Mehrkomponenten-Spritzgießen**

Mehrkomponentenspritzaggregat multi-component injection unit

Mehrkomponenten-Spritzgießen sandwich moulding *(im)*

Mehrkomponenten-Spritzgießmaschine sandwich moulding machine *(im)*

Mehrkomponenten-TSG-Verfahren multi-component structural foam moulding (process)

Mehrkreis-Kühlsystem multi-circuit cooling system

Mehrlochkopf *see* **Mehrlochwerkzeug**

Mehrlochspritzdüse multi-bore injection nozzle *(im)*

Mehrlochwerkzeug multi-strand die *(e)*

Mehrnutzen-Schneide- und Wickelvorrichtung multi-purpose cutting and winding unit

Mehrplattenwerkzeug multi-plate/-part mould *(im); see also* **Mehretagenwerkzeug**

Mehrschichtblasfolie *see* **Mehrschichtschlauchfolie**

Mehrschichtblasfolienanlage multi-layer blown film line

Mehrschichtdüse coextrusion die *or, more specifically,* flat film *or* blown film coextrusion die, *depending on context*

Mehrschichtextrusionsdüse *see* **Mehrschichtdüse**

Mehrschichtextrusionsverfahren coextrusion, multi-layer extrusion (process)

Mehrschichtflachdüse coextrusion slit die *(e)*

Mehrschichtfolie composite/multi-layer film

Mehrschichtfolienblasanlage *see* **Mehrschichtblasfolienanlage**

Mehrschichthohlkörper multi-layer blow moulding(s)

Mehrschichtkopf *see* **Mehrschichtdüse**

Mehrschichtplattendüse sheet coextrusion die, multi-layer sheet die *(e)*

Mehrschichtschlauchfolie multi-layer blown film

Mehrschichtschlauchkopf multi-layer parison die

Mehrschneckenextruder multi-screw extruder

Mehrschneckenmaschine *see* **Mehrschneckenextruder**

Mehrstationenanlage *see* **Mehrstationenmaschine**

Mehrstationenmaschine multi-station machine

Mehrstrangextrusion multi-strand extrusion

Mehrverteilerwerkzeug multi-manifold die *(bfe)*

Mehrwalzenabzug *see* **Mehrwalzenabzugsvorrichtung**

Mehrwalzenabzugsvorrichtung multi-roll take-off (unit)

Mehrwalzenstuhl multiple-roll mill

Mehrzonenschnecke multi-section screw *(e)*

Mehrzweckanlage multi-purpose plant/machine/equipment

Mehrzweckkopf multi-purpose extrusion die

Mengenleistung *see* **Durchsatz**

Mengenregelung *see* **Mengensteuerung**

Mengensteuerung volume control (unit/mechanism)

Merkmale, konstruktive *see* **Konstruktionsmerkmale**

Messerbalken slitter bar *(used to slit film into film tape)*

Meßdüse experimental die *(e)*

Meßextruder *see* **Laborextruder**

Meßfühler *see* **Fühler**

Meßgröße quantity *(to be or being measured)*

Meßpunkt *see* **Meßstelle**

Meßsensor *see* **Fühler**

Meßsignal test signal

Meßsonde *see* **Fühler**

Meßstelle measuring point

Meßumformer transducer

Meß- und Regeltechnik measuring and control technology

Meßvorrichtung measuring device/instrument

Meßwertaufnehmer data recorder/recording unit

Meßwertausgabe data output

Meßwerterfassung data recording (unit)

Metallabscheidegerät metal separator

Metalleinlegeteil metal insert

Metalleinsatz *see* **Metalleinlegeteil**

Metallelemente, eingebaute metal inserts

Metallsuchgerät metal detector

Meteringschnecke metering-type screw *(e)*

Meteringzone *see* **Ausstoßzone**

Mindestanforderungen minimum requirements

Mindestbaugröße minimum size *(of a machine)*

Mindestdurchsatz minimum throughput

Mindestschußgewicht minimum shot weight

Mindestwanddicke minimum wall thickness

Minimal-Zykluszeit minimum cycle time

Mischaggregat mixing unit

Mischanlage mixing equipment/unit

Mischbehälter mixing vessel

Mischeffekt mixing/homogenising effect/performance

Mischeinrichtung *see* **Mischanlage**

Mischelement *see* **Mischteil**

Mischgefäß *see* **Mischbehälter**

Mischgerät mixer

Mischgrad degree of mixing, mixing efficiency

Je höher der Mischgrad, desto größer ist die Homogenität des Extrudates the more efficient the mixing/mixer, the more uniform will be the extrudate

Mischgut mixer contents, materials being/to be mixed

Mischkammer mixing chamber/compartment

Mischkessel *see* **Mischbehälter**

Mischkopf mixing head

Mischorgan *see* **Mischwerkzeug**

Mischschnecke mixing/homogenising screw

Mischteil mixing/homogenising section/torpedo *(of screw) (e)*

Mischteilschnecke screw equipped with a mixing torpedo *(e)*

Misch- und Knetextruder mixing and compounding extruder

Mischvorgang mixing process/operation

Mischwalzwerk mixing rolls

Mischwelle *see* **Knetschnecke**

Mischwerkskopf mixer head

Mischwerkzeug mixing rotor

Mischwirkung *see* **Mischeffekt**

Mischzeit mixing time/period

Mischzone mixing section/zone *(e)*

Mittelschnecke *see* **Hauptschnecke**

Mittelwalze centre roll

mittelzäh medium viscosity

Mittenauswerfer *see* **Zentralauswerfer**

Möglichkeiten, verfahrenstechnische processing possibilities

Monoaxial-Reckanlage uniaxial stretching unit/ equipment

Monofilanlage monofilament extrusion line

Monofilwerkzeug monofilament die *(e)*

Montage assembly, mounting, fitting, installation

montieren to assemble, mount, fit, instal

motorbetrieben motor driven

Motordrehzahl motor speed

Motorenleistung, gesamte installierte total installed/ connected motor power

Motorleistung (electric) motor power

MSR *abbr. of* **Messen, Steuern, Regeln**
MSR-System measuring and control system

Mundstück *see* **Düsenmundstück**

Mundstückring *see* **Düsenmundstück**

Mundstückringspalt *see* **Düsenspalt**

Mundstückspalt *see* **Düsenspalt**

N

Nacharbeitung *see* **Nachbearbeitung**

Nacharbeitungskosten finishing costs

Nachbearbeitung finishing *(e.g. of a moulding);* re-machining *(e.g. of a worn machine part)*

nachbearbeitungsfrei not having to be finished
nachbearbeitungsfreie Formteile mouldings which require no subsequent finishing

Nachdruck hold(ing)/dwell pressure *(im)*

Nachdruckphase *see* **Nachdruckzeit**

Nachdruckprogramm holding pressure programme *(im)*

Nachdruckumschaltung change-over to holding pressure *(im)*

Nachdruckzeit holding/injection pressure time, dwell time *(im)*

Nacheilung, mit slower, more slowly
Walze A läuft gegenüber Walze B mit Nacheilung Roll A rotates more slowly than roll B

Nachfolge *see* **Nachfolgeaggregat**

Nachfolgeaggregat downstream unit/equipment

Nachfolgeeinheit *see* **Nachfolgeaggregat**

Nachfolgemaschine downstream machine

nachfolgend *see* **nachgeschaltet**

Nachfolgeprozesse downstream/subsequent processes/operations

Nachfolgevorrichtung *see* **Nachfolgeaggregat**

nachgeschaltet downstream, adjacent to, followed by, following, subsequent
Die Blasstation mit der nachgeschalteten Flaschenentnahme the blowing station with the adjacent bottle collecting unit
...die in einem nachgeschalteten Bearbeitungsprozeß noch spanend bearbeitet werden ...which are subsequently finished by machining
...mit nachgeschalteten Quetschwalzen ...followed by pinch rolls

Nachschwindung post-shrinkage

Nachteile, verfahrenstechnische processing/technical limitations/disadvantages

Nadelventilangußsystem valve gating system *(im)*

Nadelventilverschluß *see* **Nadelverschlußsystem**

Nadelventilwerkzeug valve gated mould *(im)*

Nadelverschlußdüse needle-type shut-off nozzle, needle valve nozzle *(im)*

Nadelverschlußspritzdüse *see* **Nadelverschlußdüse**

Nadelverschlußsystem needle shut-off mechanism *(im)*

Nadelwalzenfibrillator pin roller fibrillator

Nadelwalzenverfahren pin roller method *(of making fibrillated film)*

nahtlos seamless

Naßbüchse water cooled feed section/zone *(e)*

Nebeneinrichtungen ancillary equipment

Nebenextruder ancillary/subsidiary extruder

Nebenkanal secondary/branch runner *(im)*

Nebenschnecke ancillary/subsidiary screw

Nebenzeit downtime, shutdown period

Neck-in neck-in *(term applied to transverse shrinkage of film between the die lips and the chill roll)*

Negativformen female forming *(t)*

Negativverfahren *see* **Negativformen**

Nenndurchmesser nominal diameter

Nenninhalt nominal capacity

Nennweite nominal width

Nest *see* **Formhöhlung**

Neuauslegung re-designing
Neuauslegung der Strömungskanäle re-designing the flow channels

neuentwickelt recently developed

Neuware virgin material

nichtineinandergreifend *see* **nichtkämmend**

nichtkämmend non-intermeshing *(screws) (e)*

Nichtvorhandensein absence
Nichtvorhandensein von Abquetschmarkierungen absence of pinch-off welds

Niederdruck-Abscheider low-pressure separator

Niederdruckabtastung low pressure scanning device

Niederdruckspritzgießmaschine low pressure injection moulding machine

Niederdruck-Werkzeugschutz low pressure mould safety device

Niederhaltedruck clamping pressure *(t)*

Niederhaltekraft clamping force *(t)*

Niederhalter clamping device/mechanism *(t)*

niedertourig *see* **langsamlaufend**

Niedrigbauweise low construction

Niedrigkompressionsschnecke low-compression screw *(e)*

Nitrierstahl nitrided steel

Niveau level *(of temperature, pressure, a liquid)*

Niveauwächter level indicator

Nockenmischteil knurled mixing section *(e)*

Nockensystem cam system

Normalausführung standard design/model

Normalausrüstung standard equipment

Normalien standard mould units

Normalspritzguß conventional injection moulding

Normbaugruppe standard unit

Notausschalter emergency cut-out(switch), emergency stop button

Nullserie trial/pilot plant run, pre-production trial

Nutbuchsenextruder *see* **Nutenextruder**

Nutenbüchse grooved bushing *(e)*

Nuteneinzugszone grooved feed section/zone *(e)*

Nutenextruder grooved-barrel extruder

Nutenscherteil grooved smear head *(e)*

Nutentorpedo *see* **Nutenscherteil**

Nutentorpedoschnecke grooved torpedo screw

Nutenzylinder grooved barrel *(e)*

Nutzinhalt effective capacity

Nutzvolumen effective volume

O

Oberflächenfehler surface blemish(es)/irregularities

oberflächengehärtet *see* **oberflächenvergütet**

Oberflächenglanz surface polish

Oberflächengüte surface finish

Oberflächenmarkierungen surface marks/blemishes/defects; bank marks *(c)*

oberflächenpoliert with a highly polished surface

Oberflächenrauhigkeit surface roughness

Oberflächentemperaturfühler surface thermocouple

oberflächenvergütet surface hardened *(see note under* **Oberflächenvergütung)**

Oberflächenvergütung surface hardening *(of metal parts to increase wear resistance)*

Oberflächenvlies overlay/surfacing mat *(grp)*

Oberkolbenpressautomat automatic downstroke press

Oberkolbenpresse downstroke press

Oberkolbenspritzpreßautomat automatic downstroke transfer moulding press

Oberlippe, flexible flexible lip *(e); see also* **Lippe, einstellbare**

Oberwalze top roll

Ochsenjoch-Profil ox-bow profile *(c)*

Öffnungsbewegung opening movement

Öffnungsgeschwindigkeit (mould) opening speed

Öffnungshub (mould) opening stroke

Öffnungskraft opening force

Öffnungsvorgang opening movement *(of mould)*

Öffnungsweg *see* **Öffnungshub**

Öffnungsweite *see* **Öffnungshub**

Ölabfluß oil outlet

Ölbedarf oil requirements
bei geringem Ölbedarf if little oil is required

Ölbehälter oil reservoir

Ölentspannung oil decompression

Ölfilterung oil filter, oil filtration (unit)

Ölhydraulik oil-hydraulic system

ölhydraulische Presse hydraulic press

Ölinnentemperierung internal oil heating system

Ölkompression oil compression

Ölkreislauf oil circuit

Ölkühlung oil cooling (system)

Ölmotor hydraulic motor

Ölstand oil level

Ölstandanzeiger oil level indicator

Ölstandkontrolle oil level control

Ölstromregler oil flow regulator

Öltankfüllung oil reservoir capacity, amount of oil inside the reservoir
Ölstandskontrolle mit Schauglas zum Beobachten der Öltankfüllung oil level control with sight glass to observe the level of the oil inside the reservoir

Öltemperiergerät oil temperature control unit

öltemperiert oil heated

Öltemperierung oil temperature control (system)

Ölumlaufheizung circulating oil heating (system)

Ölumlaufschmierung circulating oil lubricating system

Ölumlauftemperierung circulating oil temperature control system

Ölzufluß oil inlet

Optimierung optimisation

orientiert, biaxial biaxially oriented

Orientierungsrichtung direction of orientation

Orientierungszustand state of oricntation

Originalmaterial *see* **Neuware**

ortsfest fixed, stationary *(machine)*

P

Paddelmischer paddle mixer

Pannenbehebung fault elimination *(in a moulding process)*

Pannensuche *see* **Störungslokalisierung**

Panzerschicht wear resistant coating, hard face coating; *(see also entry under* **gepanzert***)*

Panzerung *see* **Panzerschicht**

Papierfolie paper-like film

Parallelführung *see* **Bügelzone**

Parallelteil *see* **Bügelzone**

Parallelverteiler parallel (system of) runncrs *(im)*

Parallelzone *see* **Bügelzone**

Parameter, verfahrenstechnisch relevante technically important parameters

Park *see* **Maschinenpark**

Partiekontrolle batch control

Passergenauigkeit accurate register

Pastenextrusion paste extrusion *(ptfe)*

Pastentauchverfahren paste dipping

Paßflächen mating surfaces

Paternosteranlage paternoster-type conveyor, bucket conveyor

Patrize male mould *(t)*

Pausenzeit change-over time *(im)*; interval

Pausenzeituhr interval timing mechanism

Pendelwalze floating roller

periodisch arbeitend operating in cycles

Pfropfen, kalter cold slug *(im)*

Pfropfenhalterung cold slug retainer *(im)*

Pilotmaschine pilot plant-scale machine

Pilzanguß *see* **Schirmanschnitt**

Pinole *see* **Dorn**

Pinolenblaskopf side-fed blown film die *(bfe)*

Pinolenkörper *see* **Dorn**

Pinolenkopf side-fed die *(e, bm)*

Pinolenkopf, seitlich angeströmter *see* **Pinolenkopf**

Pinolenschlauchkopf side-fed parison die *(bm)*

Pinolenspritzkopf *see* **Pinolenkopf**

Pinolenwerkzeug *see* **Pinolenkopf**

Planet *see* **Planetwalze**

Planetenmischer planetary mixer

Planetenrührwerk *see* **Planetenmischer**

Planetenspindel planetary spindle; *see also* **Planetwalze**

Planetschnecke *see* **Planetwalze**

Planetwalze planetary screw *(e) (the term* **Walze** *is used because the action of these screws is that of a roller; the melt is rolled out into a thin layer, which is mixed, rolled out again and so on. The word "roller" should never be used in this context.)*

Planetwalzenextruder planetary screw extruder, planet gear extruder *(see also note under* **Planetwalze***)*

Planetwalzenteil planetary screw section *(e)*

Plastifikat *see* **Schmelze**

Plastifizieraggregat plasticising/plasticating unit *(e)*

Plastifizierbeginn, bei at the start of plasticisation

Plastifizierdruck *see* **Schmelzedruck** *(***Plastifizierdruck** *is not, as might be supposed, the pressure which plasticises the compound but the pressure of the compound during plasticisation, i.e. the melt pressure)*

Plastifiziereinheit *see* **Plastifizieraggregat**

Plastifiziereinrichtung *see* **Plastifizieraggregat**

Plastifizier-Einschnecken-extruder *see* **Einschnecken-Plastifizierextruder**

plastifizieren to plasticise *(to soften by adding plasticiser, e.g. to PVC); to plasticise/plasticate (to soften by heating in an extruder etc).*

Plastifizierende, bei when plasticisation has been completed

Plastifizierextruder compounding/plasticating extruder

Plastifiziergrad degree of plasticisation/plastication

Plastifizierkammer plasticising/plasticating chamber/compartment

Plastifizierkanäle plasticising grooves

Plastizifierkapazität *see* **Plastifizierleistung**

Plastifizierleistung plasticising capacity/rate

Plastifiziermaschine plasticator

Plastifiziermenge *see* **Plastifizierleistung**

Plastifizierorgan plasticising/plasticating element

Plastifizierschaft plasticating shaft

Plastifizierschnecke plasticising/plasticating screw

Plastifizierspindel *see* **Plastifizierschnecke**

Plastifizierstrom *see* **Plastifizierleistung** *(on no account should* **Strom** *here be translated as "flow" or "current" as suggested in Euromap Recommendations No. 5 and 10. Translators requiring reassurance are referred to Kunststoffe 67 (1977) 6, pp. 307–309)*

Plastifizierstrombedarf required plasticising capacity

Plastifiziersystem plasticising/plasticating system

Plastifizierteil compounding section/unit, plasticising section
zweiwelliger Plastifizierteil twin screw compounding unit

Plastifizierung plasticisation, plastication; *see also* **Plastifizieraggregat**

Plastifizierungsverfahren plasticising/plasticating process

Plastifiziervolumen *see* **Plastifizierleistung**

Plastifiziervorgang plasticising/plasticating (operation)

Plastifizierzeit plasticising time *(im)*

Plastifizierzone *see* **Kompressionszone**

Plastifizierzylinder plasticising/plasticating cylinder *(im)*; barrel *(e)*

Plastikakkumulator *see* **Schmelzespeicher**

Plastizier- *see* **Plastifizier-**

Platten, größte lichte Weite zwischen den maximum daylight between platens *(im)*

Plattenabzug sheet take-off (unit/device)

Plattenanlage sheet extrusion line

Platten-Breitschlitzdüse *see* **Plattenwerkzeug**

Plattendüse *see* **Plattenwerkzeug**

Plattendurchbiegung platen deflection *(im)*

Plattenextrusion sheet extrusion

Platten-Extrusionsanlage *see* **Plattenanlage**

Plattenglättanlage sheet polishing unit

Plattengröße platen size *(im)*

Platten-Großanlage wide sheet plant *(e)*

Plattenheizung platen heating (system)

Plattenkopf *see* **Plattenwerkzeug**

Plattenware sheets

Plattenwerkzeug sheet die *(e)*

Plattenziehen *see* **Kalandrieren**

Plattenzuschnitt cut-to-size piece of sheet, cut blank *(t)*

Platzbedarf (amount of) space required; *see also* **Aufstellfläche**

platzsparend requiring little space, space saving

Polsterregelung cushion control *(im)*

Polyäthylenschlauchfolie blown polyethylene film

Polystyrol-Schaumanlage expanded polystyrene production line

Porensuchgerät pore detector

Positivwerkzeug male tool *(t)*

Prägedruck embossing pressure

Prägekalander embossing calender

Prägemaschine embossing machine

prägen to emboss, to stamp. *If this word is used to describe the second stage of* **Spritzprägen** *(q.v.) as in Kunststoffe 69 (1979) 5, p. 254 fig. 22, it must be translated as "compression"*

Prägepresse embossing press

Prägespalt embossing nip

Prägevorrichtung embossing unit/device

Prägewalze embossing roller

Prägewerk embossing unit

Präzisionsdosiereinheit precision metering unit

Präzisionspritzgießverarbeitung *see* **Präzisionsspritzguß**

Präzisionsspritzguß precision injection moulding

Präzisionsspritzgußteil precision injection moulding/moulded part

Präzisionsteile precision mouldings

Präzisionswerkzeug precision mould *(im)*/die *(e)*

Präzisionswickeltechnik precision filament winding *(grp)*

Prallmahlanlage impact grinding machine

praxisnahe under simulated service conditions
praxisnahe Versuche tests carried out under simulated service conditions

Pressen compression moulding

Pressen, isostatisches isostatic moulding *(ptfe)*

Pressentisch press table

Presseurwalze *see* **Gegendruckwalze**

Preßautomat automatic compression moulding press

Preßformen compression moulding

Preßgrat *see* **Grat**

Preßkraft moulding pressure

Preßling moulding *(made by compression or transfer moulding as opposed to* **Spritzling** *or* **Spritzteil** *(q.v.)*

Preßmasse compression moulding compound

Preßverfahren press/compression moulding (process)

Preßwerkzeug compression mould

Primärabzug main/primary take-off (unit)

Primärkühlung main cooling system

Prinzipskizze *see* **Darstellung, schematische**

Probespritzungen moulding trials

Produktionsanlage production line

Produktionsaufgaben production tasks

Produktionsaustrittseite *place where the product leaves the machine e.g. in the case of an extruder, the phrase* **auf der Produktionsaustrittseite** *would be translated as "at the die end"*

Produktionsextruder production-scale extruder

Produktionsgeschwindigkeiten production speeds

Produktionsleistung *see* **Ausstoßleistung**

Produktionsmaschine production-scale machine

Produktionsstörung *see* **Produktionsunterbrechung**

Produktionsstraße production line

Produktionsüberwachung production control

Produktionsunterbrechung break in production

Produktionsverhältnisse production/manufacturing conditions

Produktionswerkzeug production-scale mould *(im)*/die *(e)*

Produktionszahlen, kleine *see* **Serien, kleine**

Profilabzug profile take-off (unit) *(e)*

Profilanlage profile extrusion line

Profildüse *see* **Profilwerkzeug**

Profilextrusionsstraße *see* **Profilanlage**

profilgebend *this word expresses the idea of shaping, usually of extrudates and not necessarily of profiles, and cannot be translated literally. It can, in fact, often be omitted, e.g.* **profilgebendes Werkzeug** *should be translated simply as "die". It should not be confused with* **Profilwerkzeug** *(q.v.)*

Profilkalibrierung profile calibrator, profile calibrating/sizing (unit) *(e)*

Profilkopf *see* **Profilwerkzeug**

Profilspritzkopf *see* **Profilwerkzeug**

Profilstraße *see* **Profilanlage**

Profilwerkzeug profile die *(e)*

Profilziehverfahren pultrusion *(grp)*

Programmablauf programme (pattern)

Programmbaustein programme module

Programmiereinheit programming unit

Programmierung programming

Programmregler programme controller/control unit

Programmsteuerung programme control (unit)

Progressivspindel increasing pitch screw

Projektionsfläche projected area

Prototypwerkzeug prototype mould *(im)*/die *(e)*

Prozeßablauf (course of the) process

Prozeßablauf, zyklischer moulding cycle

Prozeßdatenerfassung process data monitoring (system)

Prozeßführung *see* **Prozeßsteuerung**

Prozeßführungsinstrument process control instrument

Prozeßgröße process parameter

Prozeßkontrolle *see* **Prozeßsteuerung**

Prozeßrechner process control computer

Prozeßsteuerung process control (unit)

Prozeßüberwachung process monitoring (system)

Prozeßvariablen process variables

Prozeßwarte *see* **Steuerpult**

Pulsation surging, pulsation *(e)*

pulsationsfrei surge-free *(e)*

Pulsieren *see* **Pulsation**

pulsierend intermittent *(e.g. blasts of air); in an extrusion context see* **Pulsation**

Pulverextrusion dry blend extrusion

pulverförmig powdered

Pulvermischung dry blend

Pulverschnecke dry blend screw *(e)*

Pulververarbeitung dry blend processing

Pumpenaggregat pump unit

Pumpenantriebsleistung pump drive power

Pumpenerscheinungen surging, pulsation, pulsating effects *(e)*

Pumpenfördermenge amount conveyed by the pump

Pumpenleistung pump capacity

Pumpzone *see* **Ausstoßzone**

Punktanguß *see* **Punktanschnitt**

Punktanguß mit Vorkammer antechamber-type pin gate *(im)*

Punkangußdüse *see* **Punktanschnittdüse**

Punktangußkegel pin gate sprue *(im)*

Punktanschnitt pin gate *(im)*

Punktanschnitt, Tunnelanguß mit tunnel gate with pin point feed *(im)*

Punktanschnittdüse pin gate nozzle *(im)*

Puppe dolly *(c) (rolled up piece of hot compound cut from milled strip for passing to the calender feed)*

PVC-Schnecke PVC screw *(screw designed for extruding PVC)*

Q

Qualitätsanforderungen quality requirements

Qualitätseinbuße loss of quality

Qualitätsschwankungen quality variations, variations in quality

Qualitätsüberwachung quality control

Querkontraktion *see* **Querschwindung**

Querkopf *see* **Querspritzkopf**

Querrichtung, in in transverse direction

Querschneidemaschine transverse cutter

Querschneider *see* **Querschneidemaschine**

Querschnittsübergänge changes in diameter
Die Fließkanäle eines Profilwerkzeugs sind einer kontinuierlichen Stromführung entsprechend mit nur allmählichen Querschnittsübergängen zu gestalten to ensure a continuous melt stream, the flow channels of a profile die should be designed with only gradually changing diameters

Querschwindung transverse shrinkage

Querspritzkopf crosshead (die)

Quertrenneinrichtung *see* **Querschneidemaschine**

querverstreckt transversely oriented *(film)*

Quetschkanten pinch-off/ nip-off edges *(bm)*

Quetschnaht pinch-off weld *(bm)*

Quetschtasche *see* **Butzenkammer**

Quetschwalzen nip/pinch rolls *(bfe)*

Quetschwalzenpaar *see* **Quetschwalzen**

Quetschzone pinch-off area *(bm)*

R

Radialsteghalter *see* **Stegdornhalter**

Räume, fließtote *see* **Toträume**

Rahmenbauweise framework construction

Rakelauftrag knife application

Ramextruder *see* **Kolbenextruder**

Randbeschneidung edge trimming (unit); edge trimmer

Randbeschnitt edge trimmings; edge trimming device
trimming the edges *(of film or sheeting)*

Randschicht outer layer

Randstreifen edge trim

Randstreifen-Beschneidstation edge trimming unit

Randstreifenrezirkulierung *see* **Randstreifen-Rückspeisung**

Randstreifen-Rückführung *see* **Randstreifen-Rückspeisung**

Randstreifen-Rückspeisung edge trim recycling (system/unit)
. . . die unmittelbare Randstreifen-Rückspeisung in den Extruder the immediate return of edge trims to the extruder

Randstreifen-Schneidvorrichtung edge trimmer

Randzone outer zone

Raschelgewirke raschel-knit fabric(s)

Raschelmaschine raschel machine *(txt)*

raschlaufend *see* **schnelllaufend**

Rationalisierungsmaßnahmen economy measures

raumsparend space saving

Raupenabzug caterpillar take-off (unit)

Rautenmischteil faceted mixing torpedo *(e)*

Reaktionsguß reaction casting

Reaktionsharzmasse resin-catalyst mix

Reaktionsmittel catalyst, hardener

Reaktionsspritzgießen reaction injection moulding

Reaktionswärme heat of reaction

Rechenprogramm *see* **Rechnerprogramm**

rechneransteuerbar *see* **rechnergesteuert**

rechnergesteuert computer controlled

rechnergestützt computer aided

rechnerisch calculated
rechnerisches Spritzvolumen calculated shot volume

Rechnerprogramm computer programme

Rechteckprofildüse rectangular profile die *(e)*

Rechtsgewinde right-hand thread

Reckanlage stretching unit/equipment

Recken *see* **Strecken**

Recken, biaxiales biaxial stretching/orienting *(of film)*

Reckgeschwindigkeit stretching rate

Recktemperatur stretching temperature

Reckverhältnis *see* **Streckverhältnis**

Reduziergetriebe reducing gear

Referenzgröße reference quantity

regelbar adjustable

regelbar, stufenlos infinitely/steplessly variable

Regeleinrichtung control unit

Regelelemente controls

Regelgenauigkeit control accuracy

Regelkreis (feedback) control circuit **(Steuer- und Regelkreise** *would, in a general sense, be translated simply as "control circuits". On the other hand* **die Steuer- und Regelkreise sind häufig miteinander verknüpft** *would have to be translated as "the open-loop and feedback control circuits are often linked" because here the text obviously makes a distinction between* **steuern** *and* **regeln.** *See also note under* **regeln)**

regeln to regulate, to control *(in English usage, one word - "to control" - is generally applied to both* **steuern** *and* **regeln.** *In German there is, however, a clear distinction which is set out and explained in DIN 19226. In an article specifically devoted to the subject of* **Regeln,** *the translator is advised to use "feedback control" or "closed-loop control" (as opposed to* **Steuern,** *"open-loop control"). In texts of a more general nature one can use "control" for both words.)*

regeltechnisch *relating to control*
regeltechnisch schwieriger more difficult to control

Regelverbund composite control system

Regenerat reclaim, regrind

regenerieren to reclaim *(plastics scrap)*

Regiepult *see* **Steuerpult**

Registriereinrichtung recording device/equipment

Registriergerät recording instrument

Regler regulator

Regranulat regranulated scrap

Regranulieranlage regranulating plant

regranulieren to regranulate

Reibschweißen friction welding

Reibschweißgerät friction welding instrument/equipment

Reibschweißmaschine *see* **Reibschweißgerät**

Reibungskräfte frictional forces

Reibungswärme frictional heat

Reibungswiderstand frictional resistance

Reihenanordnung, in arranged in series

Reihenpunktanschnitt *see* **Mehrfachpunktanschnitt**

Reihenverteiler runners arranged side by side *(im)*

Reinigungszeit time required for cleaning

Relativgeschwindigkeit relative velocity

Renner *see* **Angußverteiler**

reparaturfreundlich easy to repair

Repetitionsgenauigkeit *see* **Reproduziergenauigkeit**

reproduzierbar reproducible, repeatable

Reproduzierbarkeit reproducibility, repeatability

reproduziergenau accurately reproducible/repeatable

Reproduziergenauigkeit accurate repeatability/reproducibility

Reproduziermöglichkeit possibility of reproducing
Dadurch ergibt sich eine schnelle, exakte Reproduzierbarkeit der Bedingungen this means that conditions can be quickly and accurately reproduced

Restspannungen residual stresses

Revolvereinheit carousel/rotary-table unit

Revolverspritzgießautomat automatic rotary-table/carousel-type injection moulder/moulding machine

Revolverspritzgießmaschine rotary-table/carousel-type injection moulder/moulding machine

Richtungsänderung change of direction

Richtwert approximate figure/value

RIM *abbr. of* reaction injection moulding *(although this is an English abbreviation, it is often used in German texts)*

Ringanschnitt ring gate *(im)*

Ringdüse annular/ring-shaped die *(e)*

ringförmig annular

Ringkanal circular runner *(im)*; annular groove *(bm)*

Ringkolben tubular ram *(bm)*

Ringkolbeninjektion tubular ram injection *(im)*

Ringkolbeninjektionsverfahren tubular ram injection moulding (process)

Ringkolbenspeicher tubular ram accumulator *(bm)*

Ringkolbenspeicherkopf tubular ram accumulator head *(bm)*

Ringlochplatte perforated disc

Ringnut ring-shaped groove

Ringraum annular space

Ringrillendorn mandrel with a ring-shaped groove *(bm)*

Ringschlitzdüsenwerkzeug annular die *(e)*

Ringspalt(e) annular slit

Ringspaltdüse *see* **Ringspaltwerkzeug**

Ringspaltwerkzeug annular die

Ringverteiler ring-type distributor *(bfe)*

Ring-Wendelverteiler ring-type spiral distributor *(bfe)*

Rippentorpedo ribbed torpedo

robust rugged (ly constructed)

Rohling preform, blank

Rohmaterialersparnis raw material saving
Aus Gründen der Rohmaterialersparnis to save raw material

Rohrabzug pipe take-off

Rohrabzugswerk *see* **Rohrabzug**

Rohranlage *see* **Rohrfertigungsstraße**

Rohrbeschichtungswerkzeug pipe sheathing die *(e)* *(a die used to extrude a polyethylene sleeve on to steel pipe)*

Rohrdüsenkopf *see* **Rohrwerkzeug**

Rohrextrusionsanlage pipe extrusion line

Rohrextrusionswerkzeug *see* **Rohrwerkzeug**

Rohrfabrikation pipe production (line)

Rohrfertigungsstraße pipe extrusion line *(if the word is obviously intended to include other types of pipe making equipment, e.g. by filament winding, the translation should likewise be general, i.e. "pipe production line")*

Rohrheizkörper tubular heater

Rohrherstellungsanlage *see* **Rohrfertigungsstraße**

Rohrkalibrierung pipe calibration, pipe calibrating/sizing (device)

Rohrkopf *see* **Rohrwerkzeug**

Rohrkrümmer pipe bend

Rohrspritzkopf *see* **Rohrwerkzeug**

Rohrstraße *see* **Rohrfertigungsstraße**

Rohrstück *see* **Schlauchstück**

Rohrwanddicken-Meßanlage device for measuring pipe wall thickness

Rohrwerkzeug pipe die

Rohstoffbedarf raw material requirements
Damit kann auch der Rohstoffbedarf größer werden this means that more raw material may be required

Rohstofftagesmenge amount of raw material required for a day's production

Rohstoffzuführgerät raw material feed unit

Rollen (des Schmelzschlauches) parison curl *(bm)*

Rollenführung guide rollers

Rollenreckstrecke stretching roll section

Rollenreckwerk stretching roll unit

Rollenschneidmaschine reel trimmer

Rollenwechsel changing reels *(of film)*
Damit ist der Folientransport bei Rollenwechsel gewährleistet this means that film transport is not interrupted when the reel has to be changed; *see also* **Rollenwechselsystem**

Rollenwechselsystem reel changing mechanism/system/unit

Rollenwickelmaschine reel winder

Rotationsformen *see* **Rotaionsgießen**

Rotationsgießen rotational moulding, roto-moulding

Rotationsgießmaschine rotational moulding machine, rotomoulder

Rotationsquerschneider rotary transverse cutter

Rotationsschmelzanlage, kreisförmige carousel-type rotational moulding/casting machine

Rotationsschmelzen *see* **Rotationsgießen**

Rotationssintern rotational sintering

Rotations-Spritzgußautomat automatic rotary injection moulding machine

rotationssymmetrisch axially symmetrical

rotierend rotating

Rotormesser rotating knife

Rückdruck back pressure *(e)*

Rückdrucklagerung thrust bearing assembly *(e)*

Rückdrückstift push-back pin *(im)*

Rückführen recycling

Rückführsystem feedback system

Rückführung, elektronische electronic feedback

Rückgewinnung reclamation, recovery

Rücklauf retraction
beim Rücklauf der Schnecke when the screw retracts

Rücklaufgeschwindigkeit retraction speed

Rücklaufsperre *see* **Rückstromsperre**

Rücklaufzeit return time *(of screw) (e)*

Rückplatte back plate *(im)*

Rückschlagventil *see* **Rückstromsperre**

Rückstaudruck *see* **Rückdruck**

Rückstausperre *see* **Rückstromsperre**

Rückströmung back flow *(e)*

Rückstromsperre non-return valve *(im)*

Rückwärtsentgasung back venting *(e)*

Rückzug *see* **Rücklauf**

Rückzugkraft retraction force

Rührwerk mixer, stirrer

Rütteltisch vibrating table

Runddüse round section (profile) die *(e)*

Rundgewebe circular-woven fabric

Rundläufer *see* **Rundläufermaschine**

Rundläuferanlage *see* **Rundläufermaschine**

Rundläuferautomat automatic rotary-table/carousel-type machine

Rundläufermaschine rotary-table/carousel-type machine

Rundlaufspaltmaschine rotary cutter/slitter

Rundstrangdüsenkopf *see* **Runddüse**

Rundtisch rotary table, roundtable
Warmformmaschinen werden als Einzelaggregate, in Tandemanordnung oder als Rundtisch gebaut thermoforming machines are constructed as individual units, arranged in tandem or on the rotary-table principle

Rundtischanlage *see* **Rundtischmaschine**

Rundtischanordnung rotary-table/carousel-type arrangement/system

Rundtischmaschine rotary/table/carousel-type machine

Rundwebstuhl circular loom *(txt)*

Rutschkalibrierung friction calibration

S

Säule tie bar/rod; column *(im)*

Säulen, lichter Abstand zwischen den *see* **Säulenabstand, lichter**

Säulen, lichte Weite zwischen den *see* **Säulenabstand, lichter**

Säulenabstand, lichter distance between tie bars *(im)*

Sammelbohrung manifold *(e)*

Sandwichschäumverfahren *see* **Sandwichverfahren**

Sandwichverfahren sandwich moulding *(im)*

Saugleitung suction line

Saugloch suction hole

Saugschlitz suction slit

Schädigung, thermische thermal degradation

schäumbar expandable

Schäummaschine foam moulding machine

Schaftschnecke variable-geometry/-design screw *(e) (see also explanatory note under* **Einstückschnecke***)*

Schalengießverfahren slush moulding

schallisoliert acoustic-insulated

Schalteinrichtungen controls

Schaltfolge switch sequence

Schaltgeräte *see* **Schalteinrichtungen**

Schaltkasten switch box

Schaltkreis switch/control circuit

Schaltpult *see* **Steuerpult**

Schaltschrank control cabinet

Schalttableau *see* **Schalttafel**

Schalttafel control panel

Schaltuhr timer, timing device

Schalt- und Regelelemente *see* **Steuer- und Regeleinrichtung**

Schalt- und Steuergeräte *see* **Steuer- und Regeleinrichtung**

Schaltung, gedruckte printed circuit

Schaltungssystem control system

Schaltventil control valve

Schauglas *see* **Sichtscheibe**

Schaumblasverfahren foam blow moulding (process)

Schaumfolienanlage expanded film (extrusion) line

Schaumfolien-Extruder foamed/expanded sheet extruder

Schaumspritzgießen *see* **TSG**

Scheibenanguß *see* **Schirmanschnitt**

Schema scheme, system; *see also* **Darstellung, schematische**

Scherelement *see* **Scherkopf**

scherempfindlich shear sensitive

Schergeschwindigkeit shear rate, rate of shear

Scherkopf smear head, torpedo *(of screw) (e)*

Scherkraft shear force

Scherkrafteinleitung introduction of shear forces

Scherplastifizierung shear plasticisation

Scherspalt shear gap

Scherteil *see* **Scherkopf**

Scherteilschnecke screw equipped with a torpedo/smear head

Schertorpedo *see* **Scherkopf**

Scherzone shear section/zone *(e)*

Scherzonenschnecke *see* **Scherteilschnecke**

Schichtstoffplatten, technische industrial laminates

Schiebedüse *see* **Schiebeverschlußdüse**

Schiebeeinsatz sliding insert

Schiebegitter *see* **Sicherheitsschiebetür**

Schieber *see* **Schieberwerkzeug**

Schieberwerkzeug sliding split mould *(im)*

Schiebetisch sliding table

Schiebetischmaschine sliding table machine

Schiebeverschlußdüse sliding shut-off nozzle *(im)*

Schiebeverschlußspritzdüse *see* **Schiebeverschlußdüse**

Schikan baffle plate

Schirmanguß *see* **Schirmanschnitt**

Schirmanschnitt diaphragm gate *(im)*

Schlagmesser impact cutter

Schlagpressen solid phase forming, forging

Schlagschere *see* **Schlagmesser**

Schlauch tube; *see also* **Schlauchstück** *or* **Folienschlauch**

Schlauchabschnitt *see* **Schlauchstück**

Schlauchabzug parison take-off *(bm)*

Schlauchaustrittsgeschwindigkeit parison delivery speed/rate *(bm)*

Schlauchbildungszone bubble expansion zone *(bfe) (the part between die and frost line, where the* *extruded tube is inflated into a* **Folienschlauch** *(q.v.)*

Schlauchblase *see* **Folienschlauch**

Schlauchdickenregelung parison wall thickness controller *(bm)*

Schlauchdüse *see* **Schlauchwerkzeug**

Schlauchdurchmesser parison diameter *(bm)*; film bubble diameter *(bfe)*

Schlauchdurchmesserregelung parison diameter control device *(bm)*

Schlauchextrusionsdüse *see* **Schlauchwerkzeug**

Schlauchfolie blown/ tubular film

Schlauchfolienanlage film blowing line, blown film (extrusion) line

Schlauchfolienblasanlage *see* **Schlauchfolienanlage**

Schlauchfoliendüse *see* **Schlauchfolienwerkzeug**

Schlauchfolienextruder blown film extruder

Schlauchfolienextrusion blown film extrusion, film blowing

Schlauchfolienextrusionsanlage *see* **Schlauchfolienanlage**

Schlauchfolienextrusionswerkzeug *see* **Schlauchfolienwerkzeug**

Schlauchfolienfertigung blown film production/ manufacture

Schlauchfolieninnenkühlung (device for) cooling the inside of the film bubble
Ein Schlauchfolienwerkzeug mit der Möglichkeit zur Schlauchfolieninnenkühlung a blown film die with facilities for cooling the inside of the film bubble

Schlauchfolienkopf *see* **Schlauchfolienwerkzeug**

Schlauchfolienkühlung blown film cooling (system) *(bfe)*

Schlauchfolienverfahren *see* **Schlauchfolien-extrusion**

Schlauchfolienwerkzeug blown film die *(bfe)*

Schlauchformeinheit *see* **Schlauchwerkzeug**

Schlauchführung bubble guide *(bfe)*

Schlauchgreifer parison gripper *(bm)*

Schlauchgreifvorrichtung parison gripping mechanism *(bm)*

Schlauchkopf *see* **Schlauchwerkzeug**

Schlauchkühlvorrichtung film bubble cooling system *(bfe)*

Schlauchlängen-Programmierung parison length programming (device) *(bm)*

Schlauchlängenregelung parison length controller *(bm)*

Schlauchreckverfahren *see* **Schlauchstreckverfahren**

Schlauchspreizvorrichtung parison stretching device *(bm) (this is used in the production of flat canisters with side openings, where the blowing air would be insufficient to fully stretch the parison); see also* **Spreizdorn**

Schlauchspritzkopf *see* **Schlauchwerkzeug**

Schlauchstreckverfahren tubular film stretching/ orientation (process)

Schlauchstück parison *(bm)*

Schlauchübernahmestation parison receiving station *(bm)*

Schlauchumfang parison *(bm)*/film bubble *(bfe)* circumference

Schlauchvorformling *see* **Schlauchstück**

Schlauchwerkzeug parison die *(bm)*; blown film die *(bfe)*; tube/pipe die *(e)*

schleifen to grind

Schleichgang, im slow(ly)

Schleppfluß *see* **Schleppströmung**

Schleppstopfen floating plug/bung

Schleppströmung drag flow *(e)*

Schleuderanlage centrifugal casting plant/ equipment

Schleudergießen centrifugal casting

Schleudermaschine centrifugal casting machine

Schleuderverfahren centrifugal casting (process)

Schließdruck (mould) clamping pressure *(im)*

Schließeinheit clamp(ing) unit *(im)*

Schließgeschwindigkeit (mould) closing speed *(im)*

Schließgestell (mould) clamping frame *(im)*

Schließhubsicherung *see* **Formschließsicherung**

Schließkolben clamping unit ram, clamping cylinder ram *(im)*

Schließkraft clamp(ing) force *(im) (can also be translated like* **Zuhaltekraft** *(q.v.)*

Schließkraftaufbau clamping force build-up *(im)*

Schließmechanismus *see* **Schließsystem**

Schließnadel needle shut-off mechanism *(im)*

Schließplatte *see* **Aufspannplatte, bewegliche** *(this is not, as might be supposed, a "clamping plate", but the platen which closes the mould in injection* *moulding, in other words the "moving platen")*

Schließplatte, bewegliche *see* **Aufspannplatte, bewegliche**

Schließseite moving mould half; locking unit *(im)*

schließseitig on the moving mould half *(im)*

Schließsystem (mould) clamping mechanism *(im)*

Schließsystem, holmenfreies (mould) clamping mechanism without tie bars

Schließ- und Öffnungsbewegungen (mould) closing and opening movements

Schließvorgang closing movement *(of mould)*

Schließzahl *see* **Schließkraft**.

Schließzylinder clamping cylinder *(im)*

Schliffbild roll contour diagram *(c)*

Schlitten moving carriage

Schlitzdüse *see* **Breitschlitzwerkzeug**

Schlitzvorrichtung slitting device

schlüsselfertig turnkey *(meaning that a plant is handed over to a client ready for operation)*

Schlupflänge *see* **Bügelzone**

Schmalbauweise narrow construction
Einstationenmaschinen in Schmalbauweise narrowly contructed single-station machines

Schmelze melt

Schmelzeaustrag melt delivery/discharge
um einen Schmelzeaustrag innerhalb von 20–30 Minuten zu gewährleisten to ensure that the melt is discharged within 20–30 minutes

Schmelzeaustragsextruder melt delivery extruder

Schmelzeaustrags-schnecke melt delivery screw

Schmelzeaustritt *see* **Masseaustritt**

Schmelzebehälter melt accumulator/reservoir

Schmelzedekompression melt decompression/devolatilisation (system)

Schmelzedosierpumpe melt dispensing/metering pump

Schmelzedosierung melt dispensing/metering (unit/device)

Schmelzedruck melt pressure

Schmelzeendtemperatur final melt temperature

Schmelzeentgasung melt deaeration/devolatilisation, melt deaerating/devolatilising system/device

Schmelzeextruder melt (fed) extruder, hot melt extruder

Schmelzefilter melt filter

Schmelzefluß melt flow; *see also* **Materialfluß**

Schmelzeförderung melt transport

Schmelzeführung passage of melt
Schmelzeführung im Speicherkopf passage of the melt through the accumulator head

Schmelzeschlauch molten tube *(bfe) (as it comes out of the extruder, before being expanded into a* **Folienschlauch** *(q.v.); see also* **Schlauchstück**

Schmelzeschlauches, Rollen des *see* **Rollen (des Schmelzeschlauches)**

Schmelzespeicher melt accumulator *(bm)*

Schmelzespeicherkolben melt accumulator ram *(bm)*

Schmelzespinnen melt spinning

Schmelzestrang melt strand, extrudate

Schmelzestrom melt stream

Schmelzestromführung *see* **Schmelzeführung**

Schmelzestromteiler device which divides the melt stream

schmelzeteilend melt dividing
schmelzeteilende Hindernisse obstacles which divide the melt stream

Schmelzeteilströme separate melt streams *(e) (melt divided by spider)*

Schmelztellerextruder sinter plate extruder

Schmelzetemperatur melt temperature

Schmelzeviskosität melt viscosity

Schmelzewendelverteiler *see* **Wendelverteiler**

Schmelzewendelverteilerkopf *see* **Spiraldornkopf**

Schmelzewendelverteilerwerkzeug *see* **Spiraldornkopf**

Schmelzewirbel melt vortex

Schmelzezufluß melt feed (system)

Schmelzwalzenmaschine hot-melt coater/coating machine

Schmelzzone *see* **Kompressionszone**

Schmierkopf *see* **Scherkopf**

Schmieröl lubricating oil

Schmieröltank lubricating oil reservoir

Schmierstellen lubricating points

Schmiersystem lubricating system

Schnecke, screw *(e)*

Schnecke, durchgeschnittene fully-flighted screw *(e)*

Schnecke, flache shallow-flighted screw *(e)*

Schnecke, kernprogressive *see* **Kernprogressivschnecke**

Schnecke, kompressionslose *see* **Förderschnecke**

Schnecke, steigungsdegressive decreasing pitch screw

Schneckenabschnitt screw section

Schneckenabstützung screw support

Schneckenachse screw axis

Schneckenaggregat screw unit

Schneckenantrieb screw drive

Schneckenantriebsleistung screw drive power

Schneckenantriebsmotor screw drive motor

Schneckenantriebswelle screw drive shaft

Schneckenarbeitslänge effective screw length

Schneckenart(en) type(s) of screw

Schneckenausbau removal/taking out of screw
Um einen Schneckenausbau zu ermöglichen to enable the screw to be taken out

Schneckenausbildung *see* **Schneckenausführung**

Schneckenausführung screw design/configuration
verschiedene Schneckenausführungen different types of screw

Schneckenauslegung *see* **Schneckenausführung**

Schneckenausrüstung screw assembly *(e)*

Schneckenballen flattened screw tip *(e)*

Schneckenbauarten types of screw

Schneckenbauform *see* **Schneckenausführung**

Schneckenbereich section/part of a screw
Es sollte untersucht werden, wie dieser Schneckenbereich weiter verbessert werden kann tests were carried out to find out how this part of the screw could be further improved

Schneckenbruch screw fracture
Um beim Anfahren einen Schneckenbruch zu vermeiden . . . to prevent the screw breaking/fracturing when starting-up . . .

Schneckenbruchsicherung device for preventing screw fracture

Schneckenbuchsen screw bushings

Schneckendekompressionseinrichtung screw venting/decompression system *(e)*

Schneckendirekteinspritzung direct screw injection (system) *(im)*

Schneckendosiereinheit *see* **Schneckendosiervorrichtung**

Schneckendosiervorrichtung screw feeder

Schneckendrehmoment screw torque

Schneckendrehrichtung *see* **Schneckendrehsinn**

Schneckendrehsinn direction of screw rotation

Schneckendrehung screw rotation *(e)*

Schneckendrehzahl screw speed

Schneckendrehzahlbereich screw speed range

Schneckendrehzeit time during which the screw is rotating
Nach Beendigung der Schneckendrehzeit when the screw has stopped rotating

Schneckendurchmesser screw diameter

Schneckeneinheit screw unit/assembly *(e)*

Schneckenelement screw flight

Schneckenende *see* **Schneckenspitze**

Schneckenentwurf screw design

Schneckenextruder *see* **Extruder**

Schneckenflanke *see* **Flanke**

Schneckenflügel *see* **Schneckensteg**

Schneckenfördergerät screw conveyor

Schneckenförderspitze flighted screw tip *(e)*

Schneckenführung screw alignment
Wie wichtig eine exakte Schneckenführung gerade im Einzugsbereich ist, läßt sich erkennen ... the importance of accurately aligning the screw, especially in the feed section, is evident ...

Schneckenführungszylinder *see* **Extruderzylinder**

Schneckengang *see* **Gang**

Schneckengangprofil *see* **Gangprofil**

Schneckengangtiefe *see* **Gangtiefe**

Schneckengangvolumen *see* **Gangvolumen**

Schneckengegendruck screw back pressure *(e)*

Schneckengehäuse *see* **Extruderzylinder**

Schneckengeometrie screw geometry

Schneckengesamtdrehmoment total screw torque

Schneckengetriebe screw drive *(e)*

Schneckengewinde screw flights/thread

Schneckengrund *see* **Ganggrund**

Schneckengrundspalte *see* **Kopfspiel**

Schneckenhub screw stroke

Schneckenhubeinstellung screw stroke adjustment/ adjusting mechanism

Schneckeninnenkühlung internal screw cooling system

Schneckenkamm *see* **Stegoberfläche**

Schneckenkanal *see* **Gang**

Schneckenkanalgrund *see* **Ganggrund**

Schneckenkanaloberfläche *see* **Ganggrund**

Schneckenkanalprofil *see* **Gangprofil**

Schneckenkanaltiefe *see* **Kanaltiefe**

Schneckenkanalvolumen screw channel volume *(e)*

Schneckenkern screw root

Schneckenkerntemperierung screw root temperature control *(e)*

Schneckenkneter screw compounder/plasticator

Schneckenkolben reciprocating screw *(im)*

Schneckenkolbeneinheit screw-plunger unit *(im)*

Schneckenkolbeneinspritzaggregat reciprocating-screw/screw-plunger injection unit

Schneckenkolbeneinspritzsystem reciprocating-screw/ screw-plunger injection system

Schneckenkolbeneinspritzung screw-plunger injection (unit), reciprocating-screw injection (unit)

Schneckenkolbeninjektion *see* **Schneckenkolbeneinspritzung**

Schneckenkolbenmaschine *see* **Schneckenkolbenspritzgießmaschine**

Schneckenkolbenspeicher *see* **Schneckenschubspeicher**

Schneckenkolbenspritzgießmaschine screw-plunger/reciprocating-screw injection moulding machine

Schneckenkolbenspritzsystem *see* **Schneckenkolbeneinspritzsystem**

Schneckenkompression *see* **Kompressionsverhältnis**

Schneckenkonfiguration screw configuration/design

Schneckenkonstruktion screw design

Schneckenkonzept *see* **Schneckenkonstruktion**

Schneckenkühlung screw cooling (system)

Schneckenlänge screw length

Schneckenlagerung screw support

Schneckenleistung screw performance

Schneckenmaschine *see* **Schneckenspritzgießmaschine** *and* **Extruder**

Schneckenmaschine, zweiwellige *see* **Doppelschneckenextruder**

Schneckenoberfläche screw surface

Schneckenpaar twin screws, twin screw assembly

Schneckenplastifizieraggregat screw plasticising unit

Schneckenplastifiziereinheit *see* **Schneckenplastifizieraggregat**

Schneckenplastifizierung screw plasticisation/plastication

Schneckenplastifizierungszylinder screw plasticising cylinder *(im)*

Schneckenpresse *see* **Extruder**

Schneckenrohr *see* **Extruderzylinder**

Schneckenrotation screw rotation, screw rotating mechanism *(e)*

Schneckenrückdrehsicherung device to prevent screw retraction *(e)*

Schneckenrückdrehung *see* **Schneckenrückzug**

Schneckenrückdruck screw back pressure

Schneckenrückdruckkraft *see* **Schneckenrückdruck**

Schneckenrückholung *see* **Schneckenrückzug**

Schneckenrückholvorrichtung screw retraction mechanism

Schneckenrückhub screw return stroke *(e)*

Schneckenrücklauf *see* **Schneckenrückzug**

Schneckenrücklaufzeit screw return time *(e)*

Schneckenrückzug screw retraction *(e)*

Schneckenrückzugkraft screw retraction force

Schneckensatz screw assembly

Schneckensatzelemente screw assembly components *(e)*

Schneckenschaft screw shank

Schneckenschub *see* **Schubschnecke**

Schneckenschubmaschine *see* **Schubschneckenmaschine**

Schneckenschub-Plastifizieraggregat reciprocating-screw plasticising unit

Schneckenschubspeicher reciprocating-screw accumulator *(bm)*

Schneckenschubzylinder reciprocating-screw cylinder

Schneckensortiment screw range, range of screws

Schneckenspiel (radial) screw clearance *(e)*

Schneckenspitze screw tip

Schneckenspitze, glatte unflighted screw tip

Schneckenspritzeinheit screw injection unit *(im)*

Schneckenspritzgießautomat automatic screw-plunger/reciprocating-screw injection moulding machine

Schneckenspritzgießmaschine screw injection moulding machine

Schneckenspritzzylinder screw injection cylinder

Schneckenstaudruck *see* **Schneckenrückdruck**

Schneckensteg (screw) flight/thread

Schneckenstegfläche *see* **Stegoberfläche**

Schneckensteigung *see* **Gangsteigung**

Schneckenstellung screw position

Schneckenstrangpresse *see* **Extruder**

Schneckensystem screw system/arrangement

Schneckentemperierung screw temperature control (system)

Schneckentiefe screw depth

Schneckenumdrehung screw revolution

Schneckenumfang screw circumference

Schneckenumfangsgeschwindigkeit peripheral screw speed/velocity

Schneckenumgang screw turn

Schnecken- und Knetelemente screw flights and kneader discs

Schneckenvorlauf screw advance
Wichtig ist ein gleichmäßiger Schneckenvorlauf beim Einspritzen it is important that the screw advances evenly during injection

Schneckenvorlaufgeschwindigkeit screw advance speed; *see also* **Einspritzgeschwindigkeit** *with which it is synonymous*

Schneckenvorplastifiziergerät screw pre-plasticiser/pre-plasticising unit

Schneckenvorplastifizierung screw preplasticisation/preplasticising unit *(im)*

Schneckenvorraum (space) in front of the screw (tip)

Schneckenwechsel changing the screw
. . . die den Schneckenwechsel erleichtern . . . which make it easier to change the screw

Schneckenweg screw stroke

schneckenwegabhängig depending on the screw stroke

Schneckenwegaufnehmer screw stroke transducer

Schneckenwelle *see* **Schneckenschaft** *(this may sometimes be translated simply as "screw", e.g.* **Die Schneckenwelle ist eine hartverchromte 3-Zonenschnecke von 200 mm Durchmesser** the screw is chromium plated, divided into three sections and has a diameter of 200 mm)

Schneckenwellenschaft *see* **Schneckenschaft**

Schneckenwindungen screw threads

Schneckenzone screw section

Schneckenzylinder (extruder) barrel *(e)*, (preplasticising) cylinder *(im)*

Schneidaggregat slitting device *(for making film tape from film)*; cutting device *(general term)*

Schneidgranulator rotary cutter

Schneidkante shear(ing) edge

Schneidkanten pinch-off, pinch-off bars/edges/inserts *(bm)*

Schneidvorrichtung *see* **Schneidaggregat**

Schnelleinspritzen high speed injection *(im)*

Schnellfahrzylinder high speed (injection) cylinder *(im)*

Schnelläufer high speed machine, fast cycling machine *(see remarks under* **schnellaufend***)*

Schnelläufer-Extruder high speed extruder

Schnelläufer-Spritzgießmamaschine fast cycling injection moulder/moulding machine

schnellaufend high speed *(when describing a continuous process such as extrusion, calendering etc.)*; fast cycling *(when describing an intermittent process such as injection or blow moulding)*

Schnellmischer high speed mixer

Schnellschließzylinder high speed clamping cylinder *(im)*

Schnellschweißen high speed welding

Schnellsiebwechsel-Einrichtung high speed screen pack changer *(e)*

Schnellspritzgießautomat automatic fast cycling injection moulder/moulding machine

Schnellverschluß quick acting clamp

Schnellwechselfilter quick-change filter unit

Schnittgeschwindigkeit cutting speed

Schnittwerkzeug cutting tool

Schnüffelventil relief valve

Schrägbolzen angled bolt

Schrägkopf *see* **Schrägspritzkopf**

Schrägspritzkopf angled extrusion die head

Schrägverstellung *see* **Walzenschrägstellung**

schrägverzahnt helically geared

Schrägverzahnung helical gears

Schreiber recording instrument/device

Schrottschnecke worn-out screw *(the word is derived from* **Schrott** *meaning scrap metal)*

Schubflanke *see* **Stegflanke, vordere**

Schubschnecke reciprocating screw

Schubschneckeneinheit reciprocating-screw unit

Schubschneckenextruder reciprocating-screw extruder

Schubschneckenmaschine reciprocating-screw machine

Schubschneckenspritzgießmaschine reciprocating-screw injection moulder/moulding machine

schütten to pour

Schulterbutzen shoulder flash *(bm)*

Schulterquetschkante shoulder pinch-off *(bm)*

Schuß shot *(im)*

Schußfolge shot sequence

Schußgewicht shot weight *(im)*

Schußgröße *see* **Schußgewicht**

Schußleistung shot capacity *(im)*

Schußvolumen shot volume *(im)*

Schußvolumennutzung shot volume utilisation

Schußzahl number of shots *(im)*

Schutzabdeckung safety hood

Schutzeinrichtung safety device

Schutzgitter screen guard

Schutzgittersicherung screen guard interlock system/mechanism

Schutztür guard, safety gate

Schutztürsicherung guard interlock system/mechanism

Schutzverkleidung safety shield/cover/hood

Schutzvorrichtung safety device

Schwachstellen weak spots

Schwalbenschwanzausnehmung swallowtail recess

Schweißbarkeit weldability

Schweißbedingungen welding conditions

Schweißdraht *see* **Zusatzdraht**

Schweißdruck welding pressure

schweißen to weld

Schweißfaktor welding factor

Schweißfuge weld, welded joint

Schweißgasversorgung welding gas supply

Schweißgerät welding instrument; welding torch

Schweißgeschwindigkeit welding speed/rate

Schweißgut material being/ to be welded

Schweißkanten *see* **Schneidkanten**

Schweißkonstruktion welded (construction)
Das Maschinenbett ist als Schweißkonstruktion ausgeführt the machine frame is welded

Schweißnaht weld, seam; pinch-off weld *(bm)*

Schweißnahtgüte weld quality

Schweißnahtqualität *see* **Schweißnahtgüte**

Schweißprozeß welding (operation/process)

Schweißrestspannungen residual welding stresses

Schweißrestspannungsverteilung distribution of residual welding stresses

Schweißtechnik welding techniques/technology

Schweißverbindung welded joint

Schweißvorgang welding operation/process

Schweißwulst bead

Schweißzusatzstoff *see* **Zusatzdraht**

Schwenkaggregat tilting unit

schwenkbar swivel-mounted/-type, hinge-mounted, swing-back/-hinged *(machine unit)*

Schwenkbarkeit *denotes that a machine or part thereof can be tilted or swivelled. For translation example see entry under* **Drehbarkeit**.

Schwenkbewegung turning/rotating/swivel movement
Schwenkbewegung der Maschine um jeweils 180° möglich the machine can be rotated by 180°

Schwenkeinrichtung tilting mechanism/device

Schwenktisch tilting table

Schwenkwinkel tilting angle

Schwimmhaut *see* **Grat**

Schwindmaß (degree of) shrinkage

Schwindungskatalog shrinkage record

Schwingsieb vibrating screen

Sechsfachverteilerkanal six-runner arrangement *(im)*

Sechsfachwerkzeug six-impression/-cavity mould *(im)*

Sechszehn-Stationen-Drehtischmaschine 16-station rotary table machine

Seele, plastische plastic core
zwecks Erhaltung der plastischen Seele im Verteilerkanal . . . in order to keep the material at the centre of the runner plastic . . .

Seitenauswerfer side ejector/ejection mechanism *(im)*

Seitenbeschneidung *see* **Seitenschneider**

Seitenextruder *see* **Nebenextruder**

Seitenführung lateral (film) bubble guide *(bfe)*

Seitenschneider edge trimmer/cutter

Seitenschneidvorrichtung edge trimming/cutting mechanism/device

Sekundärabzug subsidiary/secondary take-off (unit)

Sekundärkühlung secondary cooling system

Selbsteinfärben in-plant colouring *(the addition of pigments by the moulder*

rather than by the moulding compound manufacturer)

selbsteinstellend self-adjusting/-aligning

selbstisolierend self-insulating

selbstregulierend self-regulating

Selbstreinigung self-cleaning (effect)

selbsttätig automatic(ally)

Selbstverriegelung self-locking mechanism

selbstzentrierend self-centring

Senkrechtextruder vertical extruder

Senkrechtspritzkopf vertical extrusion die

Serien, große long runs

Serien, kleine short runs

Serien, mittlere medium runs

Serienfertigung mass production

servicefreundlich *see* **wartungsfreundlich**

Servoventil servo-valve

S-Form *see* **Vierwalzen-S-Kalander**

Sicherheitseinrichtung *see* **Schutzeinrichtung**

Sicherheitsschiebetür moving guard

Sicherheitsventil safety valve

Sicherheitsverriegelung safety interlock system/ mechanism

Sichtbarmachen making visible

Sichtkontrolle visual control/inspection

Sichtprüfstelle visual inspection unit

Sichtprüfstrecke *see* **Sichtprüfstelle**

Sichtscheibe sight glass

Sieb sieve, screen

Siebblock *see* **Siebpaket**

Siebdornhalter *see* **Lochscheibendornhalter**

Siebkorb *see* **Siebpaket**

Siebkorbdornhalter *see* **Lochscheibendornhalter**

Siebkorbhalterung *see* **Lochscheibendornhalter**

Siebpaket screen pack *(e)*

Siebsatz *see* **Siebpaket**

Siebträger screen support

Siebwechseleinrichtung screen pack changer

Siebwechselkassette *see* **Siebwechseleinrichtung**

Siebwechsler *see* **Siebwechseleinrichtung**

Siegelstation (heat) sealing station

Siegeltemperatur (heat) sealing temperature

Siegelwerkzeug (heat) sealing instrument

Signalisierung signalling

Signiergerät marking device *(used for impressing identifying marks into extruded pipe);* marking/colour coding device

Signierung *see* **Signiergerät**

Simultanstrecken simultaneous stretching/orientation *(a special process of simultaneously stretching film transversely and in machine direction)*

Sinkmarkierungen *see* **Einfallstellen**

Sollbruchstellen (artifically) weakened points *(literally points which are intended to break, e.g. where part of a moulding is to be broken off at some later stage)*

Solldruck required/set pressure

Sollgröße *see* **Sollwert**

Solltemperatur required/set temperature

Sollverarbeitungsbedingungen pre-set processing conditions

Sollwanddicke required wall thickness

Sollwert required/set value
Die Massetemperatur wird auf den Sollwert gebracht, von z.B. 190°C the melt is brought to the required temperature, e.g. 190°C.

Sollwertabweichungen deviations from the set value

Sollwertkurve required/set/theoretical value curve

Sonde *see* **Fühler**

Sonderausrüstung special equipment *(this word can sometimes be very freely translated as "extra" as in this example:*
Eine elektronische Steuerung kann als Sonderausrüstung geliefert werden electronic controls can be supplied as an extra)

Sondermaschine special purpose machine

Sonderschnecke special purpose screw

Sonotrode sonotrode *(w)*

Spaltbreite *see* **Spaltweite**

Spaltdruck *see* **Spaltlast**

Spaltkraft *see* **Spaltlast**

Spaltlast nip pressure/load *(c)*

Spaltverstellung nip adjustment *(c)*

Spaltwalzenpaar *see* **Quetschwalzen**

Spaltweite nip width *(c); see also* **Düsenspaltbreite**

Spannrahmen clamping frame *(t)*; tenter frame *(used in stretching film)*

Spannrolle tension roll

spannungsarm low-stress

Spannungseinschlüsse moulded-in stresses

spannungsfrei stress-free

Spannungskontrolle tension control (mechanism) *(for film as it comes off the calender)*

Speicher accumulator *(bm)*

Speicher, interner internal memory *(of a process computer)*

Speicherbauart type of accumulator

Speicherkopf accumulator head *(bm)*

Speicherraum accumulator chamber *(bm)*

Speicherzylinder accumulator cylinder *(bm)*

Speiseextruder feed extruder

Speisepumpe feed pump

Speiseschnecke *see* **Einzugsschnecke**

Speiseschneckeneinheit feed screw unit

Speisetrichter *see* **Einfülltrichter**

Speisevorrichtung feed mechanism/unit

Speisewalze *see* **Einzugswalze**

Speisewalzwerk feed mill

Spezialschnecke *see* **Sonderschnecke**

spiegelhochglanzpoliert polished to a mirror finish

spielfrei tight fitting, free from play

Spielraum clearance

Spinndüse spinneret *(e)*

Spinne *see* **Verteilerstern**

Spinnextruder monofilament extruder

Spinnkopf *see* **Spinndüse**

Spiraldorn spiral mandrel *(e, bfe)*

Spiraldornblaskopf *see* **Spiraldornkopf**

Spiraldornkopf spiral mandrel (blown film) die *(e, bfe)*

spiralgenutet spirally grooved

Spitze, glatte *see* **Schneckenspitze, glatte**

Spitzendrücke peak/maximum pressures

Spitzenleistung maximum output/efficiency

spleißen to split *(general term)*; to fibrillate *(see explanatory note under* **Fibrillieren***)*

Spleißfasern fibrillated film, film fibres

Spreizdorn parison stretching mandrel *(bm)*

Spreizdornanlage *see* **Schlauchspreizvorrichtung**

Spreizdornvorrichtung *see* **Schlauchspreizvorrichtung**

Spreizvorrichtung *see* **Schlauchspreizvorrichtung**

Spritzaggregat *see* **Einspritzaggregat**

Spritzautomat automatic injection/transfer moulding machine

Spritzbarkeit extrudability, extrusion performance

Spritzbedingungen moulding conditions

Spritzblasautomat automatic injection blow moulder/moulding machine

Spritzblasdorn *see* **Blasdorn** *(the prefix* **Spritz-** *merely indicates that the* **Blasdorn** *is being used for injection blow moulding. It does not, however, have any bearing on the translation because the design*

is the same, no matter whether one is dealing with extrusion blow moulding or injection blow moulding.)

Spritzblasen *see* **Spritzblasformen**

Spritzblasformen injection blow moulding

Spritzblasmaschine injection blow moulding machine

Spritzblasverfahren injection blow moulding (process)

Spritzblaswerkzeug injection blow mould

Spritzdorn *see* **Blasdorn.** *See also note under* **Spritzblasdorn**

Spritzdruck *see* **Einspritzdruck**

Spritzdruckregler injection pressure regulator *(im)*

Spritzdruckstufe injection pressure stage *(im)*

Spritzdruckzeit injection pressure time, dwell time *(im)*

Spritzdüse (extrusion) die *(e)*; (injection) nozzle *(im)* spraying nozzle *(grp)*

Spritzeinheit *see* **Einspritzaggregat**

spritzen to extrude, to injection mould; to spray

Spritzen, angußloses sprueless injection moulding

Spritzer moulder

Spritzerei moulding/extrusion shop

spritzfähig mouldable, capable of being moulded **ABC Duroplaste sind leicht spritzfähig** ABC thermosets are easy to mould

Spritzfähigkeit mouldability

Spritzfehler moulding fault(s)

Spritzfläche projected moulding area *(im)*

Spritzform *see* **Spritzgießwerkzeug**

spritzgeblasen injection blow moulded

spritzgegossen injection moulded

spritzgepreßt transfer moulded

Spritzgeschwindigkeit *see* **Einspritzgeschwindigkeit** *and* **Extrusionsgeschwindigkeit**

Spritzgewicht *see* **Schußgewicht**

Spritzgießaggregat *see* **Spritzgießmaschine**

Spritzgießanlage injection moulding line

Spritzgießautomat automatic injection moulding machine

Spritzgießbetrieb injection moulding shop

Spritzgieß-Blasformen *see* **Spritzblasformen**

Spritzgießen injection moulding

Spritzgieß-Entgasungseinheit venting system for an injection moulding machine

Spritzgießer injection moulder *(person, not the machine)*

spritzgießfähig capable of being injection moulded

Spritzgießform *see* **Spritzgießwerkzeug**

Spritzgießformteil *see* **Spritzteil**

Spritzgießgesenk injection mould cavity

Spritzgieß-Heißkanalsystem hot-runner injection moulding system

Spritzgießkavität *see* **Spritzgießgesenk**

Spritzgießkern mould core *(im)*

Spritzgießmarke injection moulding grade *(of moulding compound)*

Spritzgießmaschine injection moulding machine, injection moulder *(the latter expression is used where brevity is important, e.g. in headlines, captions, advertising slogans etc.)*

Spritzgießmaschinen-Baureihe *see* **Spritzgießmaschinenprogramm**

Spritzgießmaschinenprogramm range of injection moulders/moulding machines

Spritzgießmaschinen-Schnecke injection screw *(im)*

Spritzgießmasse injection moulding compound

Spritzgießmaterial *see* **Spritzgießmasse**

Spritzgießschubschnecke *see* **Schubschnecke**

Spritzgießteil *see* **Spritzteil**

Spritzgießverarbeitung processing by injection moulding, injection moulding (process)
Für PVC bestehen mehr Chancen bei genügend sorgfältiger Spritzgießverarbeitung PVC stands a better chance, provided it is injection moulded with care

Spritzgießverfahren injection moulding (process)

Spritzgießvorgang injection moulding process

Spritzgießwerkzeug injection mould/moulding tool

Spritzgießwerkzeug, dreifaches three-impression/-cavity injection mould

Spritzguß *see* **Spritzgießen**

Spritzguß- *see* **Spritzgieß-**

Spritzguttemperatur *see* **Massetemperatur**

Spritzhub *see* **Einspritzhub**

Spritzkolben injection plunger *(im)*, transfer plunger *(tm)*

Spritzkopf *see* **Extrusionswerkzeug** *and* **Extruderkopf**

Spritzkraft *see* **Einspritzkraft**

Spritzleistung *see* **Einspritzleistung**

Spritzling *see* **Spritzteil**; *(this word is also sometimes used in an injection blow moulding context to describe the injection moulded parison. In this case it must be translated as "parison")*

Spritzlingsfläche, projizierte *see* **Spritzfläche**

Spritzplastifiziereinheit injection-type plasticising unit

Spritzprägen injection-compression moulding

Spritzpresse transfer moulding press

Spritzpressen transfer moulding

Spritzpreßanlage transfer moulding plant

Spritzpreßautomat automatic transfer moulding press

Spritzpreßform transfer mould

Spritzpreß-Halbautomat semi-automatic transfer moulding press

Spritzseite *see* **Einspritzseite**

spritzseitig on the fixed mould half, on the injection side *(im)*

Spritzstation injection station

Spritz-Streckblasanlage injection stretch blow moulding plant

Spritzstreckblasen injection stretch blow moulding

spritztechnisch *relating to moulding in general, or to injection moulding in particular*

Aus spritztechnischen Gründen for technical reasons relating to the moulding process *or:* for technical reasons
Ein kurzer Stangenanguß ist spritztechnisch am günstigsten a short sprue gate is to be preferred from the moulding point of view
Rein spritztechnisch gehört der Anguß an eine möglichst zentrale Stelle des Teiles from the purely technical point of view the sprue should be as close to the centre of the moulding as possible

Spritzteil injection moulding/moulded article

Spritzteil-Füllvolumen *see* **Formnest-Füllvolumen**

Spritzteilgewicht *see* **Schußgewicht**

Spritzvolumen *see* **Einspritzvolumen**

Spritzwerkzeug *see* **Spritzgießwerkzeug** *and* **Extrusionswerkzeug**

Spritzzeit *see* **Einspritzzeit**

Spritzzyklus moulding cycle

Spritzzylinder injection cylinder

Sprühkühlung spray cooling (unit)

spülen to purge *(word used to describe the cleaning out of an extruder or injection moulding machine between changes in material or colour)*; to rinse, to flush

Spülluft purging air

Spulwerk reeling unit

Stagnationsstelle *see* **Stagnationszone**

Stagnationszone stagnation zone

Stahleinsatz steel insert

Stahlschweißkonstruktion welded steel construction
Das Gestell, eine Stahlschweißkonstruktion, ist auf Rollen verfahrbar the

welded steel frame can be moved on rollers

Standardabweichung standard deviation

Standardausführung standard design

Standardausrüstung standard equipment

standardmäßig as a standard feature
Standardmäßig ist die Maschine mit einer Abschaltautomatik ausgestattet an automatic cut-out mechanism is a standard feature of the machine

Standardschnecke general purpose screw

Standzeit working/service life *(of a machine)*; freeze/setting/cooling time *(im)*; fibre time *(PU foams)*; shelf life *(of resins)*

Stangenanguß *see* **Stangenanschnitt**

Stangenangußkegel *see* **Anguß**

Stangenanschnitt sprue gate *(im)*

Stangenauswerfer *see* **Auswerferstange**

Stangenpunktanguß *see* **Punktanguß mit Vorkammer**

Stapelmaschine stacker

Stapelvorrichtung stacking device

starkwandig *see* **dickwandig**

Startdrehzahl initial speed

Startzeit cream time *(pu foaming)*

Statormesser stationary/fixed knife

Staubalken restrictor/choke bar *(e)*

Staubalkenverstellung restrictor bar adjustment/adjusting mechanism

Staubüchse flow restriction bush

Staudruck *see* **Rückdruck**

Staudruckabbau back pressure reduction

Staudruckeinstellung back pressure adjustment/ adjusting mechanism

Staudruckprogrammverlauf back pressure programme

Staudruckregler back pressure controller

Stauelement baffle

Staukopf *see* **Speicherkopf**

Staukopfverfahren accumulator head blow moulding (process), blow moulding using an accumulator head

Stauleiste *see* **Staubalken**

Stauring restriction ring

Stauscheibe melt flow restrictor
Man muß zusätzlich noch eine Lochscheibe als Stauscheibe hinter den Dornhalter einsetzen an extra breaker plate must be fitted behind the mandrel support to restrict melt flow

Stauströmung *see* **Druckströmung**

Stauzone flow restriction zone *(e)*

Stauzylinder melt accumulator *(bm)*

Steg spider leg *(bm)*; *(see also* **Schneckensteg**

Stegbreite (flight) land width *(e)*

Stegdornblaskopf *see* **Stegdornhalterwerkzeug**

Stegdornhalter spider-type mandrel support, spider *(e)*

Stegdornhalterkopf *see* **Stegdornhalterwerkzeug**

Stegdornhalterwerkzeug spider-type (blown film) *(bfe)*/(parison) *(bm)* die

Stegflanke *see* **Flanke**

Stegflanke, hintere trailing edge of flight, rear face of flight *(e)*

Stegflanke, vordere thrust/ front face of flight, leading edge of flight *(e)*

steggepanzert with hardened flights *(screw)*

Steghaltermarkierungen *see* **Stegmarkierungen**

Stegkontur (screw) flight/ thread contours *(e)*

Stegkopf *see* **Stegoberfläche**

Stegmarkierungen spider lines *(e)*

Stegoberfläche flight land *(e)*

Stegtragring *see* **Stegdornhalter**

Stegverwischungseinrichtung *see* **Verwischgewinde**

Stehzeit *see* **Nebenzeit**

Steigung *see* **Gangsteigung**

steigungsdegressiv with decreasing pitch *(screw) (e)*

steigungsprogressiv with constant increase in pitch *(screw) (e)*

Steigungswinkel *see* **Gangsteigungswinkel**

Stellen, tote *see* **Toträume**

Stellglied control element

Stellgröße variable

Stellschraube adjusting screw

Stellwalze adjustable roller

Stempelkneter *see* **Innenkneter**

Stempelplatte *see* **Kernplatte**

Sternanordnung star-shaped (runner) arrangement *(im)*

Sternverteiler star-type distributor *(bfe); see also* **Verteilerstern**

Stern-Wendelverteiler star-type spiral distributor *(bfe)*

Steueranlage control installation/unit

Steueraufgaben control functions

Steuerautomatik automatic controls

Steuerblock *see* **Steuereinheit**

Steuereinheit control unit

Steuereinrichtung control equipment

Steuerelektronik electronic controls

Steuerelement control element

Steuerfunktion control function

Steuergerät control instrument

Steuerkreis control circuit

Steuern control, open-loop control *(the first expression is the one that is normally used. The second should be used only where the text makes a distinction between* **Steuern** *and* **Regeln.** *See explanatory note under* **regeln***)*

Steuerpult control desk/panel/console

Steuerschrank control cabinet

Steuersignal control signal

Steuersystem control system

Steuer- und Regeleinrichtung control instruments *(see also entry under* **regeln***)*

Steuerung, kontaktlose solid-state controls

Steuerungen und Regelungen control systems *(see also entry under* **regeln***)*

Stichmasse inside dimensions

Stickstoffinnenkühlung internal cooling with nitrogen

Stifte, eingelegte pin inserts

Stiftzylinder pin-lined barrel *(e)*

Stillstandzeit *see* **Nebenzeit**

Stirnfläche front face

Stockwerk-Spritzgießwerkzeug *see* **Mehretagenspritzgießwerkzeug**

störanfällig liable to go wrong, liable to give trouble

Störanfälligkeit tendency to go wrong, to give trouble
Auswerfer sind wegen der Störanfälligkeit nicht zu empfehlen ejectors are not recommended because of their tendency to go wrong

Störanzeige, akustische audible breakdown alarm (signal)

Störanzeige, optische visual breakdown alarm (signal)

Störeinflüsse disturbing influences

störempfindlich *see* **störanfällig**

Störungsbehebung elimination of faults
Durch den übersichtlichen, logischen Aufbau ist eine schnelle Störungsbehebung möglich thanks to the clear, logical design *(of the machine)* faults are quickly eliminated.

Störungsblinkanzeige flashing light alarm signal

Störungsfall, im if there is a fault/breakdown

störungsfrei trouble-free

Störungslokalisierung fault location
Eine Störungslokalisierung kann rasch durchgeführt werden faults can be located quickly

Störungsmeldegerät breakdown indicator

Störungsortsignalisierung fault location indicator

störungssicher *see* **störungsfrei**

Störungsunanfälligkeit not subject to breakdowns **Wartungsfreiheit und Störungsunanfälligkeit sind die besonderen Vorzüge dieser Maschine** the special advantages of this machine are that it requires no maintenance and is not subject to breakdowns

Stössel ram *(cm)*

Stösseldruck ram pressure *(cm)*

Stösselhub ram stroke *(cm)*

Stopfaggregat *see* **Stopfvorrichtung**

Stopfkolben feed ram

Stopfschnecke stuffing screw

Stopfung feed(ing)

Stopfvorrichtung stuffing device

stoßweise discontinuous(ly), intermittent(ly)

Strahl, freier *see* **Freistrahl**

Strahlungsheizung radiant heaters/heating

Strahlungsverluste heat losses due to radiation

Strang strand, extrudate *(e)*

Strangabschlagsystem strand granulating system

Strangdüse strand die *(e)*

Stranggranulator strand granulator/pelletiser/cutter

Stranggranulierung strand granulation/granulator

Strangpresse *see* **Extruder**

Strangpreßverfahren *see* **Extrusionsverfahren**

Strangwerkzeug *see* **Strangdüse**

Streckblasanlage stretch blow moulding plant

Streckblasen *see* **Streckblasformen**

Streckblasformen stretch blow moulding

Streckblasformmaschine stretch blow moulder/ moulding machine

Streckblasmaschine *see* **Streckblasformmaschine**

Streckblasverfahren stretch blow moulding (process)

Streckeinrichtung *see* **Streckwerk**

Strecken stretching/drawing *(of film;) synonymous with* **Recken** *and* **Verstrecken** *(Since the purpose of stretching the film is to orient it, the word* **gestreckt** *should be translated in this context as "oriented"; see, for example,* **querverstreckt***)*

Streckverhältnis stretch/ draw ratio

Streckwalze stretching roll

Streckwerk stretching unit; *see also* **Breitstreckwerk**

Streichanlage spreading/ spread coating plant

Streichen spreading, spread coating

Streichmesser spreading knife

Strömung, laminare laminar flow

Strömungsgeschwindigkeit flow rate, rate of flow

strömungsgünstig *favourable for flow*
Die Bohrung muß strömungsgünstig gestaltet sein the channel must be designed so as to ensure smooth and even flow

Strömungskanal flow channel

Strömungslinie *see* **Bindenaht**

Strömungsprofil flow diagram

Strömungsrichtung direction of flow

Strömungsschatten *see* **Stegmarkierungen**

strömungstechnisch *see* **fließtechnisch**
strömungstechnische Verhältnisse flow conditions
Verbesserung der Rohrköpfe in strömungstechnischer Hinsicht improvements in pipe die design to achieve better flow

Strömungsverhältnisse flow conditions

Strömungsvorgänge flow processes

Strömungsweg *see* **Fließweg**

Strömungswiderstand *see* **Fließwiderstand**

stromabwärts downstream

Stromaufnahme current input

stromaufwärts upstream

Stromverbrauch power consumption

Strukturschaummaschine structural foam moulding machine

Stückprozeß discontinuous process

Stückzahlen, große large numbers, many

Stückzahlen, kleine small numbers, few

stückzahlunabhängig irrespective of the number of items

Stützluft air under pressure *(this is the air introduced, for example, into the extruded pipe to keep it in intimate contact with the calibrating die. The word is derived from* **stützen,** to support;
bubble inflation air *(bfe) (the air used to inflate the parison to form the film bubble and subsequently keep it in shape, i. e. support it.) Sometimes the word can be translated*

simply as "air", e. g. **Die Quetschwalzen verhindern gleichzeitig das Entweichen der Stützluft aus dem Folienschlauch** the pinch rolls at the same time prevent the air inside the film bubble from escaping)

Stützluftkalibrierung internal air pressure calibration/sizing *(e)*

Stützplatte backing/support plate *(im)*

Stützrippen supporting ribs

stufenlos infinite(ly), stepless(ly)

stufenlos einstellbar steplessly/infinitely variable

Stufenschnecke multi-stage screw *(e)*

Stufenwerkzeug multi-stage die *(e)*

stumpfgeschweißt butt welded

Stumpfschweißverbindung butt welded joint

Stundendurchsatz hourly throughput, throughput per hour

Stundenleistung hourly output, output per hour

Systemdruck hydraulic pressure

T

Tablettenmaschine pelletiser, pelleting machine

Tänzerwalze compensating/dancing/idling roller

Tafelanlage *see* **Plattenanlage**

Tafeldüse *see* **Plattenwerkzeug**

Tafelextrusion *see* **Plattenextrusion**

Tafelextrusionsanlage *see* **Plattenanlage**

Tafelextrusionslinie *see* **Plattenanlage**

Tafelglättanlage *see* **Plattenglättanlage**

Tafelstraße *see* **Plattenanlage**

Tafelware *see* **Plattenware**

Tagesbehälter reservoir containing a day's supply of moulding compound

Tagessilo *see* **Tagesbehälter**

Takt (moulding) cycle

Taktfolge, rasche fast cycling

Taktsteuerung cycle control

Taktverfahren, im intermittent(ly)

Taktzahl(en) number of (moulding) cycles

Taktzeit cycle time

Taktzeit im Trockenlauf *see* **Trockenlaufzeit**

Tandemanordnung tandem arrangement

tangierend *see* **nichtkämmend**

Tauchapparatur dipping equipment

Tauchbad dip coating bath, dipping bath

Tauchblasen dip blow moulding

Tauchblasmaschine dip blow moulder/moulding machine

Tauchblasverfahren dip blow moulding (process)

Tauchdorn dipping mandrel

Tauchdüse extended/long-reach nozzle *(im)*

Tauchen dipping; dip coating *(e. g. of wirework articles with PVC paste);* dip moulding *(e.g. of PVC gloves; see entry under* **Tauchform)**

Tauchform former *(used in dip moulding of PVC paste – e. g. a hand-shaped metal former is dipped into paste to make gloves)*

Tauchkammer accumulator cylinder *(bm)*

Tauchkammerkolben piston, plunger *(since the expression is used only in connection with* **Tauchblasen** *(q. v.) and the* **Tauchkammer** *(q. v.), the piston's function and location will be obvious from the context so that the English version given will suffice)*

Tauchkammerzylinder *see* **Tauchkammer**

Tauchkante vertical flash face

Tauchkantenwerkzeug *see* **Füllraumwerkzeug**

Tauchkolben *see* **Tauchkammerkolben**

Tauchverfahren *see* **Tauchen**

Taumelmischer tumble mixer

Taumeltrockner tumble drier

-technisch *used to convert nouns into adjectives and only rarely translated as "technical". For translation examples see entries under* **fertigungstechnisch, fließtechnisch, gestaltungstechnisch, maschinentechnisch, regeltechnisch, spritztechnisch, verfahrenstechnisch**

teilautomatisch semi-automatic(ally)

Teile, blasgeformte blow mouldings

Teile, unvollständige short mouldings

Teilgewicht, maximales maximum shot weight *(im)*

Teilheißläufer partial hot runner *(im)*

Teilströme *see* **Schmelzeteilströme**

Teilungsebene *see* **Formtrennebene**

Teilungsfuge *see* **Formtrennebene**

Teilungslinie parting line *(mark on moulded article where the two mould halves meet)*

Telleranguß *see* **Schirmanschnitt**

temperaturabhängig temperature dependent, depending on temperature

Temperaturanstieg temperature increase, rise/increase in temperature

Temperaturanzeige *see* **Temperaturanzeigegerät**

Temperaturanzeigegerät temperature indicator

Temperaturausgleichsystem temperature control/adjusting mechanism

Temperatureinstellung temperature setting (mechanism)

temperaturempfindlich *see* **wärmeempfindlich**

Temperaturfühler thermocouple

Temperaturführung temperature control; temperature profile
In der Austragszone sorgt eine spezielle Heiz-Kühl-Einrichtung für eine konstante Temperaturführung a special heating-cooling system in the metering section ensures that the temperature is kept constant
Das segmentweise Beheizen erlaubt eine differenzierte Temperaturführung über die Breite der Düse sectional heating enables a gradual temperature profile to be achieved across the width of the die

Temperaturhomogenität even/uniform temperature

Temperaturkonstanz constant temperature

Temperaturkontrolle temperature control

Temperaturmessung temperature measurement/ measuring device

Temperaturmeßfühler *see* **Temperaturfühler**

Temperaturmeßgeber *see* **Temperaturfühler**

Temperaturmeßmethode method of measuring temperature

Temperaturmeßstelle temperature measuring point

Temperaturmeßvorrichtung temperature measuring device

Temperaturniveau temperature level

Temperaturprofil temperature profile/pattern

Temperaturprogramm temperature programme

Temperaturregelgerät temperature controller/ control instrument

Temperaturregelung *see* **Temperaturkontrolle**

Temperaturregler *see* **Temperraturregelgerät**

Temperaturschreiber temperature recorder

Temperaturschwankungen temperature fluctuations

Temperatursteuerung temperature control (system)

Temperaturtoleranzfeld temperature tolerance range

Temperaturüberwachung temperature control (unit); temperature monitor

temperaturunabhängig independent of temperature

Temperaturverlauf temperature profile, changes in temperature
Die zeitabhängig gemessenen Temperaturverläufe (the) changes of temperature measured over a period of time

Temperaturverteilung temperature distribution

temperierbar *capable of having its temperature kept under control*
Die Schnecken sollten temperierbar sein it should be possible to control the screw temperature

Temperierbohrung heating-cooling channel

temperieren to control the temperature *(by heating or cooling)* to keep the temperature constant; *(whilst this is generally correct, the translator will sometimes have to use his discretion and translate the word as "heating"* **Temperier- und Kühlgeräte,** *for example, would be "heating and cooling equipment")*

Temperierflüssigkeit *see* **Temperiermedium**

Temperiergerät temperature control unit, constant temperature device; heating unit

Temperierkammer constant temperature section/chamber/compartment

Temperierkanalauslegung heating-cooling channel layout

Temperierkanalsystem heating-cooling channel system

Temperierkreis temperature control circuit

Temperiermedium heating-cooling medium/fluid; constant temperature medium/fluid

Temperiersystem temperature control system

Temperierung temperature control (system)
Das Heiz-Kühl Aggregat für die Temperierung der drei Glättwalzen the heating-cooling unit which controls the temperature of the three polishing rolls

Temperierwalzen heating rolls

Temperierzone constant temperature zone

tempern to condition, to anneal *(test specimen by keeping it at a certain temperature to relieve internal stresses)*

Temperstrecke conditioning/annealing section

textilverstärkt fabric reinforced

thermisch geschädigt *see* **geschädigt, thermisch**

Thermodraht *see* **Temperaturfühler**

thermoelastischer Bereich *see* **Bereich, im thermoelastischen**

Thermoelement *see* **Temperaturfühler**

Thermoelementbruch, bei if the thermocouple breaks

Thermoelementfühler *see* **Temperaturfühler**

Thermofixieren heat setting *(of film after stretching to reduce its tendency to shrink)*

Thermoform-Automat automatic thermoforming machine

Thermofühler *see* **Temperaturfühler** *(one sometimes encounters* **Thermoelement** *and* **Thermofühler** *in one sentence, e.g.* **Als Thermofühler werden Fe-Ko Thermoelemente verwendet** the temperature is measured by iron-constantan thermocouples. *Although this departs from the original it avoids the clumsy use of "thermocouple" twice without losing the meaning of the text)*

Thermokaschieranlage heat laminating plant

Thermoplaste, technische engineering thermoplastics

Thermoplast-Extrusions-Schaumblasen *see* **TSB**

thermoplastisch verarbeitbar *see* **verarbeitbar, thermoplastisch**

thermoplastisch verformbar *see* **verformbar, thermoplastisch**

thermoplastische Verarbeitung *see* **Verarbeitung, thermoplastische**

thermoplastische Verformung *see* **Warmformen**

thermoplastischer Bereich *see* **Bereich, im thermoplastischen**

Thermoplast-Schaumextrusion *see* **TSE**

Thermoplast-Schaumgießmaschine *see* **TSG-Spritzgießmaschine**

Thermoplast-Schaumguß *see* **TSG**

Thermoplast-Schaumteil thermoplastic foam moulding

Thermoplast-Schnecke thermoplastic screw *(screw suitable for extruding thermoplastics)*

thyristorgespeist *see* **thyristorgesteuert**

thyristorgesteuert thyristor controlled

tiefgeschnitten deep-flighted *(screw) (e)*

tiefgezogen *see* **warmgeformt**

Tiefziehautomat *see* **Warmformautomat**

Tiefziehen *see* **Warmformen** *(the expression "deep drawing" should be avoided, since this is applied mainly to metals. Although* **tiefziehen** *is common usage in German, it is, strictly speaking, incorrect (see Stoeckhert, Kunststoff-Lexikon 6th edition p.423)*

tiefziehfähig suitable for thermoforming

Tiefziehfolienanlage thermoforming sheet plant

Tiefziehfolien-Extrusions-anlage *see* **Tiefziehfolien-anlage**

Tiefziehmaschine *see* **Warmformmaschine**

Tiefziehverhalten thermo-forming performance

Tiefziehvorgang *see* **Warm-formverfahren**

Tisch *see* **Pressentisch**

Torpedo torpedo

Torpedokörper *see* **Torpedo**

Torpedokopf *see* **Dornhal-terkopf**

Torpedoscherteil *see* **Scher-kopf**

Toträume dead spots

Totzeit *see* **Nebenzeit**

Tourenzahl *see* **Drehzahl**

Trägermaterial supporting/ backing material

Trägerplatte *see* **Aufspann-platte**

Trägheitsmoment moment of inertia

Tragegestell supporting frame

transistorisiert transistor-ised

Transportteil conveying section *(of screw)*

trapezförmig trapezoidal

Trapezspindel trapezoidal spindle

Treibgas blowing gas

Treibmittel blowing agent

treibmittelhaltig expandable *(containing a blowing agent)*

Trennahtschweißen hot wire welding

Trennebene *see* **Formtrenn-ebene**

Trennfläche *see* **Formtrenn-ebene**

Trennlageneinspritzung gating at the mould parting line *(im)*

Trennmittel (mould) release agent

Trennung, thermische thermal insulation *(e.g. of the hot runner manifold block from the cavity plate in hot runner systems)*

Trichter *see* **Einfülltrichter**

Trichterentgasung vented hopper system; feed hopper devolatilisation *(of moulding compound in hopper)*

trichterförmig funnel shaped

Trichterinhalt hopper capacity/contents

Trichterzone *see* **Einzugszone**

Trimmstation trimming unit

Trimm- und Entnahmestation trimming and take-off station

Trockenkanal drying tunnel

Trockenlauf, Taktzeit im *see* **Trockenlaufzeit**

Trockenlaufzahl number of dry cycles *(usually per minute) (im)*

Trockenlaufzeit dry cycle time *(im)* *(time for one complete machine cycle, in seconds)*

Trockenlauf-Zykluszeit *see* **Trockenlaufzeit**

Trockenschrank drying cabinet

Trocknungsanlage drying equipment

Trommelmischer drum mixer

Trommelwickler drum winder/wind-up unit

TSB *abbr. of* **Thermoplast-Extrusions-Schaumblasen** extrusion blow moulding of expandable thermoplastics

TSE *abbr. of* **Thermoplast-Schaum-Extrusion** extrusion of expandable thermoplastics

TSG *abbr. of* **Thermoplast-Schaum-Guß:** structural/integral foam moulding *(the context will normally make the use of the word "thermoplastic" superfluous e.g. in an article on the structural foam moulding of polystyrene.*

TSG-Maschine *see* **TSG-Spritzgießmaschine**

TSG-Mehrkomponenten-Rundläufermaschine rotary table, multi-component structural foam moulding machine

TSG-Mehrkomponenten-verfahren multi-component structural foam moulding (process)

TSG-Spritzgießmaschine structural foam moulding machine

TSG-Teile structural/integral foam mouldings

TSG-Verarbeitung *see* **TSG**

TSG-Verfahren *see* **TSG**

TSG-Werkzeug structural/integral foam mould

Tunnelanguß *see* **Tunnelanschnitt**

Tunnelanguß mit Punktanschnitt tunnel gate with pin-point feed *(im)*

Tunnelanschnitt tunnel/submarine gate

Tunnelpunktanguß *see* **Tunnelanguß mit Punktanschnitt**

U

überdimensioniert oversize

Überdosierung overfeeding

Überdruck express pressure

Überdruckkalibrierung *see* **Stützluftkalibrierung**

Überdrucksicherung excess pressure safety device

Überfahreinrichtung override mechanism

überfahren to override

überfüttern to overfeed

Übergangsstück adaptor

Übergangszone *see* **Kompressionszone**

Überhitzung, örtliche local overheating

überlappend overlapping

Überlappung overlap

Überlappungsanschnitt overlap gate *(im)*

Überlastschutz *see* **Überlastungssicherung**

Überlastung overloading

Überlastungsgefahr risk of overloading

Überlastungssicherung overload prevention mechanism

Überlaufwerkzeug flash/semi-positive mould *(cm)*

überschreiten exceeding, rising above
Abschaltung der Steuerung bei Überschreiten der Maximum-Öltemperatur the control unit is switched off if the oil temperature rises above the maximum

Übersicht summary *(e.g. of machine data)*

Überwachung monitoring, control

Überwachungsarmaturen *see* **Überwachungselemente**

Überwachungseinrichtung monitoring equipment

Überwachungselemente controls, monitoring devices

Überwachungsfunktion monitoring function

Überwachungsgerät monitoring instrument

Überwachungskontrollleuchte *see* **Kontrollampe**

Überwachungsorgan monitoring device

Überwachungssystem monitoring system

Überwachungstafel control panel

Ultraschallfügen *see* **Ultraschallschweißen**

Ultraschall-Punktschweißgerät ultrasonic spot welding instrument

Ultraschallschweißanlage *see* **Ultraschallschweißmaschine**

Ultraschallschweißen ultrasonic welding

Ultraschallschweißmaschine ultrasonic welding machine

Umbäumstuhl re-winding unit

umbauen to rebuild *(a machine)*

Umbausatz conversion unit

Umdrehungszahl *see* **Drehzahl**

Umdrehungszahlbereich der Schnecke *see* **Schneckendrehzahlbereich**

Umfangsgeschwindigkeit peripheral speed

Umformeinheit mould assembly

Umformeinheiten mit mehr als einem Blaswerkzeug benutzt man für Hohlkörper von mehr als 5 l Inhalt sehr selten mould assemblies comprising more than one blow mould are used but rarely for containers bigger than 5 litres

Umformen (thermo)-forming; moulding

Umformungstemperatur (thermo)forming/moulding temperature

Umformungstiefe depth of draw *(t)*

Umformvorgang forming/moulding operation/process

Umlaufgeschwindigkeit rotational speed

Umlaufkühlung recirculation cooling (system)

Umlaufölkühlung circulating oil cooling (system)

Umlaufölung circulating oil lubrication/lubricating system

Umlenkblaskopf *see* **Pinolenblaskopf**

Umlenkkopf *see* **Querspritzkopf**

Umlenkwalze deflecting roller

Umlenkwerkzeug *see* **Querspritzkopf**

Umluftwärmeschrank circulating air heating cabinet

Ummantelungsanlage (cable) sheathing plant

Umrechnungsfaktor conversion factor

Umrüstzeit *time taken to change machine components*
Alle obigen Einheiten können bei kurzen Umrüstzeiten untereinander gewechselt werden all the above units can be quickly interchanged

umschalten to change over

Umschaltniveau change-over point

Umschaltung change-over

Umspritzen sheathing *(of cables, wires etc.) (e)* encapsulating *(e.g. of electric plugs by injection moulding)*

umspritzt moulded-in *(insert),* encapsulated by moulding

Umwandlungszone *see* **Kompressionszone**

Universalkopf general purpose extruder head

Universalmaschine general purpose machine

Universalmischer general purpose mixer

Universalschnecke general purpose screw

Universaltyp general purpose grade *(of moulding compound)*/model *(of a machine)*

unrund laufend eccentric

unsymmetrisch asymmetrical

unterdimensioniert undersize

Unterdosierung underfeeding

unterfüttern to underfeed

Unterhaltskosten maintenance costs, operating costs *(depending on context, i.e. whether the word refers to maintaining a machine or operating it)*

Unterhaltung *see* **Wartung**

Unterkolbenpresse upstroke press

Unterschreiten dropping below

Maschinenabschaltung bei Unterschreiten des minimalen Ölstandes zum Vermeiden von Pumpenschäden machine cut-out if the oil level drops below the minimum, to prevent damage to the pump

Untersetzungsgetriebe *see* **Reduziergetriebe**

Unterwalze bottom roll

Unterwassergranulator underwater granulator/pelletiser/face cutter

Unterwassergranulieranlage *see* **Unterwassergranulator**

Unterwassergranuliersystem underwater granulating/pelletising system

Unterwasser-Granuliervorrichtung *see* **Unterwassergranulator**

V

Vakuumanschluß vacuum connection

Vakuumeinspritzverfahren vacuum injection moulding (process)

Vakuumentgasung vacuum venting (system) *(when applied to a hopper)*; vacuum deaeration *(when applied to a moulding powder, paste etc.)*

Vakuumfördergerät vacuum feeder

Vakuumfolienverfahren vacuum bag moulding *(grp)*

Vakuumformautomat automatic vacuum forming machine

Vakuumformmaschine vacuum forming machine

Vakuumformung vacuum forming

Vakuumkalibrierbecken vacuum calibration/sizing tank *(e)*

Vakuumkalibrieren vacuum calibration/sizing *(e)*

Vakuumkalibrierstrecke vacuum calibration/sizing section *(e)*

Vakuumkalibrierung vacuum calibrating/sizing (unit) *(e)*

Vakuum-Kühltank-Kalibrierung waterbath-vacuum calibration/calibrating unit

Vakuumsauglöcher vacuum suction holes

Vakuumsaugteller vacuum suction plate

Vakuumspeisetrichter *see* **Vakuumtrichter**

Vakuumtank-Kalibrierung *see* **Vakuumkalibrierung**

Vakuumtrichter vacuum/vented (feed) hopper *(e, im)*

Vakuumversorgung vacuum supply

veränderbar, stufenlos steplessly/infinitely variable

verarbeitbar, thermoplastisch can be processed by (standard) thermoplastic moulding techniques

Verarbeitung processing *(must sometimes be translated very freely e.g.*
Bei der Verarbeitung technischer Thermoplaste zu Formteilen when moulding engineering thermoplastics

Verarbeitung, thermoplastische processing by (standard) thermoplastic moulding techniques

Verarbeitungsautomat automatic processing equipment

Verarbeitungseinheit processing unit

Verarbeitungsgerät(e) processing equipment

verarbeitungsgerecht *suitable for processing*
Die vielfach verwendete Kurzkompressionsschnecke wird weitgehend durch die verarbeitungsgerechtere Langkompressionsschnecke abgelöst the widely used short-compression zone screw is largely being replaced by the long-compression zone screw, which is more suitable from the processing point of view

Verarbeitungsmaschine(n) processing equipment

Verarbeitungsparameter processing parameter(s)

verarbeitungstechnisch *relating to processing*
verarbeitungstechnische Eigenschaften processing characteristics; *see also* **verfahrenstechnisch**

Verarbeitungstemperatur processing temperature

Verarbeitungsunterbrechung *see* **Produktionsunterbrechung**

Verarbeitungsverfahren method of processing, processing technique

Verarbeitungszyklus processing cycle

Verbesserungen, konstruktive design improvements

Verbindung connection; *see also* **Angußverteiler**

Verbindungsrohr connecting pipe/tube; *see also* **Angußverteiler**

Verbundbetrieb coupled operation *(of several machines)*
im Verbund betrieben operated in conjunction (with each other)

Verbundfolie composite film

Verbundspritztechnik *see* **Sandwichverfahren**

Verdichtung compression

Verdichtungsschnecke *see* **Kompressionsschnecke**

Verdichtungsverhältnis compression ratio *(e)*

Verdichtungszone *see* **Kompressionszone**

Verdickung thickening

Verdränger *see* **Torpedo**

Verdrängerkörper *see* **Torpedo**

Verdrängertorpedo *see* **Torpedo**

-verfahren *process (very often this word, attached to a word describing a process such as injection moulding, extrusion, calendering etc. can and, indeed should be omitted, as in the following example:*
PVC Folien werden zu 90% nach dem Kalanderverfahren hergestellt 90% of PVC film and sheeting is made by calendering

Verfahrensablauf (course of the) process

Verfahrenseinflußgrößen factors influencing the process

verfahrensgerecht *right for a process*
verfahrensgerechte Gestaltung von Werkzeugen correct mould design

Verfahrensparameter processing parameter(s)

Verfahrensschritte process stages

verfahrensspezifisch *specific to a particular process*
verfahrensspezifische Vorteile processing advantages

verfahrenstechnisch *relating to a process*
Die auf dem Markt befindlichen Anlagen genügen in den meisten Fällen sowohl verfahrenstechnisch wie auch leistungsmäßig den derzeitigen Ansprüchen most of the equipment on the market meets present-day requirements as regards processing technology and performance
verfahrenstechnisch einfach technically simple
verfahrenstechnisch interessant technically interesting, interesting from the processing point of view
verfahrenstechnisch relevante Parameter technically important parameters
verfahrenstechnisch vorstellbar technically feasible
verfahrenstechnisch wesentlich technically important, important from the processing point of view
verfahrenstechnische Anforderungen processing requirements
verfahrenstechnische Bedingungen processing conditions
verfahrenstechnische Bedürfnisse processing requirements
verfahrenstechnische Hilfestellung technical assistance
verfahrenstechnische Möglichkeiten processing possibilities
verfahrenstechnische Nachteile processing/technical limitations/disadvantages
verfahrenstechnische Vorteile technical/processing advantages
verfahrenstechnischen Gründen, aus owing to the nature of the process

verfahrenstechnischer Ablauf processing sequence

Verfahrensteil processing section *(of.a machine)*

Verflüssigungsleistung *see* **Plastifizierleistung**

verformbar, thermoplastisch can be thermoformed

Verformung, thermoplastische *see* **Warmformen**

Verformungstemperatur moulding temperature

Verformungswerkzeug *see* **Werkzeug**

Vergleichmäßigung smoothing out
Eine Vergleichmäßigung der Teilströme im Massefluß a smoothing out of the separate melt streams

Verjüngung narrowing

Verlauf, zeitlicher variation *(e.g. of a parameter)* with time
Zeitlicher Verlauf des Werkzeuginnendrucks variation of cavity pressure with time

Verlegeeinheit *see* **Folienverlegegerät**

Verpackungsanlage packaging plant

Verpackungsstraße packaging line

Verriegelkraft *see* **Zuhaltekraft**

Verriegelung locking mechanism

Verriegelungseinrichtung *see* **Verriegelung**

Verriegelungssystem *see* **Verriegelung**

verschiebbar, axial axially movable

Verschiebeweg *see* **Hub**

Verschiebung, axiale axial displacement

Verschleiß wear (and tear)

verschleißarm *see* **verschleißfest**

Verschleißbeständigkeit wear resistance

Verschleißbüchse wear resistant bushing

verschleißen to wear out

Verschleißerscheinungen signs of wear

verschleißfest hard wearing, wear resistant

Verschleißfestigkeit *see* **Verschleißbeständigkeit**

verschleißfrei wear resistant

Verschleißschäden damage due to wear

Verschleißstellen areas subject to wear

Verschleißteile parts/components subject to wear

Verschleißverhalten wear characteristics

verschleißverursachend causing wear

verschleißwiderstandsfähig *see* **verschleißfest**

Verschließanlage sealing machine

Verschlußdüse shut-off nozzle *(im)*

Verschlußmechanismus shut-off mechanism *(im)*

Verschlußnadel shut-off needle valve *(im)*

Verschlußventil shut-off valve *(im)*

Verschmutzung contamination

Verschmutzungsgrad degree of contamination, amount of dirt *(in an oil filter or a moulding compound)*

verschweißt welded

Versorgung supply (system)

Versorgungseinheiten supply units

Verstärkungsmaterial reinforcing material *(grp)*

verstellbar adjustable

Verstelleinrichtung adjusting mechanism

Verstellschraube adjusting screw

Verstellung adjustment

Verstrecken *see* **Strecken**

verstreckt, biaxial *see* **orientiert, biaxial**

verstreckt, monoaxial uniaxially oriented

Verstreckungsverhältnis *see* **Streckverhältnis**

Versuchsaufbau experimental set-up

Versuchsausrüstung experimental equipment/machine

Versuchsdurchführung experimental procedure

Versuchsextruder experimental extruder

Versuchsschnecke experimental screw

Versuchswerkzeug experimental die *(e)*/mould *(im)*

Verteileffekt dispersing effect

Verteiler runner *(im)*; manifold *(e)*

Verteilerbalken *see* **Verteilerblock**

Verteilerblock manifold block *(e, im)*

Verteilerbohrung *see* **Angußverteiler**

Verteilerkanal *see* **Verteiler**

Verteilerkanaldüse manifold-type die *(e)*

Verteilerkanalfläche, projizierte projected runner surface area *(im)*

Verteilerkanalquerschnitt *see* **Verteilerquerschnitt**

Verteilerkreuz cross-shaped system of runners *(im)*

Verteilerplatte hot runner plate *(im)*; feed plate *(im)*

Verteilerquerschnitt runner profile/cross-section/ shape *(im)*

Verteilerröhrensystem *see* **Verteilersystem**

Verteilerrohr *see* **Angußverteiler**

Verteilerspinne *see* **Verteilerstern**

Verteilerstern radial system of runners *(im) (or, in a more general context, simply "runners")*

Verteilerstück *see* **Verteilerblock**

Verteilersystem runner system *(im)*

Verteilerwerkzeug *see* **Verteilerkanaldüse**

Verteilungsgüte efficiency of dispersion, dispersion efficiency

Verteilungskanal *see* **Verteiler**

Vertikalbauweise vertical (construction)
Ein Schlauchfolienextruder in Vertikalbauweise a vertical blown film extruder

Vertikaldoppelschneckenextruder vertical twin screw extruder

Vertikalextruder vertical extruder

Vertikalspeiseapparat vertical feeder

Vertikalverstellung vertical adjustment/adjusting mechanism

Verunreinigungsgefahr risk of contamination

Verweilzeit residence/dwell time/period *(sometimes it is more elegant not to use these terms, e.g.*
Die Schichtdicke wird durch die Vorwärmtemperatur der Form und die Verweilzeit der Paste in der Form bestimmt the thickness of the article is governed by the mould preheating temperature and by the

time the paste has been allowed to stay inside the mould)

verwindungssteif rigid

Verwischgewinde smear device *(e, bm) (device for obliterating spider marks in the melt flow)*

verzögert delayed

Verzögerungseinrichtung delaying mechanism

Verzugserscheinungen warping, warpage

Vibrationseinfülltrichter vibratory feed hopper

Vibratordosierung vibratory feed (mechanism/system)

Vielfachstrangdüse multi-strand die *(e)*

Vielfachwerkzeug *see* **Mehrfachwerkzeug**

Vielschichtextrusion *see* **Koextrudieren**

Vielschneckenmaschine *see* **Mehrschneckenextruder**

Vier-Etagenspritzen four-daylight moulding *(im)*

Vierfachkopf four-die (extruder) head

Vierfach-Punktanschnitt four-point pin gate/gating

Vierfach-Schlauchfolien-Extrusionsanlage four-die blown film extrusion line

Vierfachschlauchkopf four-parison die *(bm)*

Vierfachwerkzeug four-impression/-cavity mould *(im)*

Vierholmschließeinheit four-column clamp unit

Viersäulenkonstruktion four-column design

Vierschichtplatte four-layer sheet

Vierschicht-Verbundfolienanlage four-layer film production line

Vierwalzen-F-Kalander four-roll inverted L-type calender

Vierwalzen-I-Kalander four-roll vertical/superimposed calender

Vierwalzen-I-Kalander mit schräggestellter Oberwalze four-roll offset calender

Vierwalzenkalander four-roll calender

Vierwalzen-L-Kalander four-roll L-type calender

Vierwalzen-S-Kalander four-roll inclined Z-type calender

Vierwalzen-Z-Kalander four-roll Z-type calender

Vierzonenschnecke four-section screw *(e)*

Vlies mat

Vollautomat fully automatic machine

Vollautomatik fully automatic system

vollautomatisch fully automatic(ally)

vollgeschlossen totally enclosed *(machine)*

vollhydraulisch fully hydraulic(ally)

vollölhydraulisch *see* **vollhydraulisch**

Vollstab solid rod

Vollstrangdüse *see* **Strangdüse**

Volumenänderung change in volume

Volumendosieraggregat volumetric feeder

Volumendosierung volumetric feeding/feeder

Volumendurchsatz volume throughput/flow rate; volumetric extrusion rate *(e)*

Volumenkompressionsverhältnis *see* **Kompressionsverhältnis**

Volumenkontraktion volume contraction

Vorblähen pre-expansion

Vorblaseinrichtung pre-blowing/pre-expanding device

Vorblasen pre-blowing, pre-expanding

vordosiert, genau accurately measured out
eine genau vordosierte Schmelzemenge an accurately measured amount of melt

Voreilung, mit faster, more quickly
Walze B läuft gegenüber Walze A mit Voreilung roll B rotates more quickly than roll A

Vorformeinheit pre-forming unit

Vorformling parison *(bm)*; preform *(grp)*

Vorformling, schlauchförmiger *see* **Schlauchstück**

Vorformlingslänge parison length *(bm)*

Vorformlingsträger parison support *(bm)*

Vorformlingswerkzeug parison die *(bm)*

vorgefertigt pre-fabricated

vorgegeben given, pre-set
vorgegebene Sollwerte given theoretical values

Vorgelierkanal pre-gelling tunnel

vorgereckt pre-stretched

vorgeschäumt pre-foamed, pre-expanded

vorheizen to pre-heat

Vorheiztrommel pre-heating drum

vorhomogenisieren to pre-homogenise

Vorkammer ante-chamber, hot well *(im)*

Vorkammer, Punktanguß mit ante-chamber type pin gate *(im)*

Vorkammerangußbuchse ante-chamber sprue bush *(im)*

Vorkammerbohrung *see* **Vorkammer**

Vorkammerbuchse ante-chamber bush *(im)*

Vorkammerdüse ante-chamber nozzle *(im)*

Vorkammerdurchspritzverfahren *see* **Spritzen, angußloses**

Vorkammerkegel ante-chamber/hot well contents *(im)*
. . . damit der Vorkammerkegel nicht einfriert . . . so that the contents of the hot well do not solidify

Vorkammerraum *see* **Vorkammer**

Vorlaufgeschwindigkeit speed/rate of advance

vormischen to pre-mix

Vormischer pre-mixing unit

Vorplastifizierung pre-plasticisation; pre-plasticising unit *(im)*

Vorplastifizierungsaggregat pre-plasticising unit

Vorplastifizierungssystem pre-plasticising system

Vorpreßling preform *(grp)*

vorprogrammiert pre-programmed

Vorprozeß preceding process

Vorrichtung device, mechanism, arrangement

Vorschubeinheit feed unit

Vorschubgeschwindigkeit *see* **Vorlaufgeschwindigkeit**

Vorspanneinrichtung *see* **Walzenvorspannung**

Vorspannung *see* **Walzenvorspannung**

vorstellbar, verfahrenstechnisch technically feasible

Vorteile, verfahrenstechnische technical/processing advantages

Vortrockengerät pre-drying unit

Vortrocknung pre-drying

vorwärmen to pre-heat

Vorwärmgerät pre-heating unit

Vorwärmofen pre-heating oven

Vorwärmwalzwerk pre-heating rolls *(c)*

Vorwärmzeit pre-heating period

Vorzerkleinerungsmühle preliminary size reduction mill

W

Waagedosierung weigh feeding/feeder

Waagerechtextruder horizontal extruder

Wärmeabfuhr removal/dissipation of heat; cooling

Wärmeableitungsverluste heat dissipation losses

Wärmeaustauscher heat exchanger

Wärmedämmung thermal insulation

wärmeempfindlich thermally sensitive, affected by heat

Wärmeimpulsschweißautomat automatic heat impulse welding instrument

Wärmeimpulsschweißen heat impulse welding

Wärmeimpulsschweißmaschine heat impulse welding machine

Wärmeleitdüse thermally conductive nozzle *(im)*

Wärmeleittorpedo thermally conductive torpedo *(im)*

Wärmenachbehandlung annealing

Wärmequelle heat source

Wärmesperre heat barrier

Wärmestabilisierung *see* **Thermofixierung** *(in a general, non-film context, the word should be translated as "heat stabilisation")*

Wärmetauscher *see* **Wärmeaustauscher**

Wärmeträger heat carrier

Wärmetrennung *see* **Trennung, thermische**

Wärmeübergang heat transfer

Wärmeübertragung heat transfer

wärmeunempfindlich unaffected by heat

Wärmeverluste heat losses

Wärmezufuhr supply of heat, heating

Diese Werte machen deutlich, wie schwierig es wird, das Material über äußere Wärmezufuhr aufzuheizen these figures show how difficult it is to heat the material from outside

Wahlausrüstungen optional equipment

Wahlmöglichkeit possibility of chosing

Durch die Wahlmöglichkeit zwischen zwei unterschiedlichen Maschinen since one can chose one of two different machines

Wahlschalter selector switch

Walze roll, roller

Walzen, unrund laufende eccentric rolls

Walzenabzug take-off rolls

Walzenanordnung roll configuration *(c)*

Walzenanstellung roll adjustment *(c)*; nip adjusting gear *(c)*

Walzenauftrag roller application *(e.g. of an adhesive)*

Walzenballen roll face *(c)* *(this is, in fact, the effective part of a roll but can generally be treated in translations as synonymous with* **Walze** *(q.v.)*

Walzenballenbreite roll face width *(c)*

Walzenballenlänge *see* **Walzenballenbreite**

Walzenballenmitte roll face centre *(c)*

Walzenballenrand roll periphery *(c)*

Walzenbezug roll covering

Walzenbiegeeinrichtung *see* **Walzengegenbiegeeinrichtung**

Walzenbombage *see* **Bombage**

Walzenbreite roll width

Walzendurchbiegung roll deflection *(c)*

Walzendurchmesser roll diameter

Walzenextruder *see* **Planetwalzenextruder**

Walzengegenbiegeeinrichtung roll bending mechanism *(c)*

Walzengegenbiegung roll bending *(c)*

Walzenlager *see* **Walzenlagerung**

Walzenlagerung roll bearing *(c)*

Walzenpaar pair of rolls

Walzenrakel knife-roll coater

Walzenschliff roll grinding/contouring *(c)*

Walzenschmelzverfahren hot-melt roller application *(of an adhesive)*

Walzenschrägeinstellung *see* **Walzenschrägstellung**

Walzenschrägstellung cross-axis roll adjustment *(c)*, axis/roll crossing *(c)*

Walzenschrägverstellung *see* **Walzenschrägstellung**

Walzenspalt nip *(c)*

Walzenspaltdruck *see* **Spaltlast**

Walzenspalteinstellung nip setting/adjustment; nip setting mechanism/device *(c)*

Walzenspaltkraft *see* **Spaltlast**

Walzenspaltweite nip width

Walzenstuhl roll mill, rolls

Walzentrennkraft *see* **Spaltlast**

Walzenverbiegung *see* **Walzendurchbiegung**

Walzenverstellung roll adjusting mechanism

Walzenvorspanneinrichtung *see* **Walzenvorspannung**

Walzenvorspannung hydraulic pull-back system *(c)*

Walzenzapfen roll journal *(c)*

Walzenzylinder barrel *(of a* **Planetwalzenextruder** *(q.v.)*

Walzfell *see* **Fell**

Walztemperatur milling temperature

Walzwerk *see* **Walzenstuhl**

Walzzeit milling time

wanddickenabhängig depending on (the) wall thickness

Wanddickenabweichungen wall thickness variations/ deviations

Wanddickenkontrolle wall thickness control (mechanism)

Wanddickenmeßgerät wall thickness gauge

Wanddickenmessung wall thickness measurement/ gauge

Wanddicken-Programmiergerät wall thickness programming device

Wanddickenprogrammierung wall thickness programming (device)

Wanddickenregelgerät wall thickness control unit

Wanddickenregulierung wall thickness control (unit)

Wanddickenregulierungssystem wall thickness control mechanism

Wanddickenschwankungen wall thickness variations

Wanddickensteuerung *see* **Wanddickenregulierung**

Wanddickenstreuungen *see* **Wanddickenabweichungen**

Wanddickenverteilung wall thickness distribution

Wandstärken- *see* **Wanddicken-**

Warenbahnführung web guide

Warenbahnsteuerung *see* **Bahnsteuereinrichtung**

Warenlaufrichtung machine direction

Warmformanlage thermoforming machine/equipment

Warmformautomat automatic thermoforming machine

Warmformeigenschaften thermoforming properties

Warmformen thermoforming

Warmformmaschine thermoforming machine

Warmformtemperatur thermoforming temperature

Warmformverfahren thermoforming (process)

Warmgasschnellschweißen high speed hot air welding

Warmgasschweißen *see* **Heißgasschweißen**

warmgeformt thermoformed

Warmluftgebläse hot air fan

Warmpreßverfahren hot press moulding, matched metal moulding *(grp)*

Warmtauchverfahren hot dipping (process)

Warnlampe *see* **Warnleuchte**

Warnleuchte warning light

Wartepositionen locations requiring servicing *(on a machine)*
Der Aufbau gewährleistet eine leichte Zugänglichkeit aller wichtigen Wartepositionen the construction of the machine ensures that all important points requiring servicing are easily accessible

Wartung maintenance, servicing

Wartungsansprüche maintenance requirements
. . . und stellt deshalb nur minimale Wartungsansprüche . . . and therefore requires only minimum maintenance

wartungsarm low-maintenance, requiring little maintenance/servicing

Wartungsaufwand effort required to keep a machine serviced
Die Vorteile dieser Antriebsart liegen in der besseren Drehzahlkonstanz und im geringen Wartungsaufwand the advantages of this type of drive is that it makes it easier to keep the screw speed constant, as well as making maintenance/servicing easier

wartungsfrei maintenance-free, requiring no maintenance/servicing

Wartungsfreiheit freedom from maintenance; requiring no maintenance/ servicing *(for translation example see entry under* **Störungsunanfälligkeit***)*

wartungsfreundlich easy to service/maintain

Wartungskosten maintenance/servicing costs

Wasserabfluß water outlet

Wasseranschluß *see* **Wasserzufluß**

Wasserauslaß *see* **Wasserabfluß**

Wasseraustritt *see* **Wasserabfluß**

Wasserbadkühlung waterbath cooling (unit)

Wassereintritt *see* **Wasserzufluß**

wassergekühlt water cooled

Wasserhydraulik water-hydraulic system

Wasserkühlung water cooling (unit/system)

Wasserringgranulierung water-cooled die face granulation/granulator

Wassertemperiergerät water-fed temperature control unit

wassertemperiert temperature-controlled with water

Wasserumlauftemperiergerät circulating water temperature control unit

Wasserversorgung water supply (system)

Wasserzufluß water inlet

Wechselautomatik automatic changing mechanism

wegabhängig stroke-dependent

Wegaufnehmer stroke transducer

Wegmeßsystem stroke measuring system/ mechanism

Weich PVC Spritzguß injection moulding of plasticised PVC

Weite zwischen den Holmen, lichte *see* **Säulenabstand, lichter**

weiterentwickelt *this word implies improvement, progress,development etc. and cannot be translated literally.*
Die Spritzgießmaschinen wurden in den letzten Jahren sprunghaft weiterentwickelt injection moulding machines have, in recent years, progressed by leaps and bounds.
Die Firma XYZ bietet weiterentwickelte Maschinensysteme an XYZ are offering an improved range of equipment

Weiterentwicklung *see entry under* **weiterentwickelt.**
Die Spritzgießmaschine ABC ist eine Weiterentwicklung der bewährten XYZ Maschine The ABC injection moulding machine has been developed from the proven XYZ machine

Weiterverarbeitung conversion *(usually of flexible products such as film, sheeting or coated fabrics)*; fabrication *(usually of rigid products such as sheet, pipe etc.)*

Weiterverarbeitungsmöglichkeiten possibilities for conversion/fabrication.
Die drei erstgenannten Gruppen bieten gute Weiterverarbeitungsmöglichkeiten the three first named groups are easy to fabricate *(by welding, bonding etc.)*

Welle *whilst "shaft" seems to be the obvious translation,* **Welle** *is often used in extrusion texts in place of* **Schnecke** *and should, in this context, always be translated as "screw"*

Wellenachse *see* **Schneckenachse**

Wellendrehzahl *see* **Schneckendrehzahl**

Wellrohranlage corrugated pipe extrusion line

wendelförmig spiral

Wendelströmung spiral flow

Wendelstrom spiral melt stream

Wendelverteiler spiral mandrel (melt) distributor *(e, bfe)*

Wendelverteilerkopf *see* **Spiraldornkopf**

Wendelverteilerwerkzeug *see* **Spiraldornkopf**

Werkstoff material

Werkstoffanhäufung(en) *see* **Materialansammlung(en)**

Werkstoffeinsparung material saving
Dickenmeßgeräte werden heute zur Verbesserung der Dickentoleranzen und damit zur Werkstoffeinsparung vorgesehen thickness gauges are today being used to improve thickness tolerances and thereby save material

werkstoffgerecht *correct or suitable for a given material*
werkstoffgerechtes Gestalten von Formteilen aus thermoplastischen Kunststoffen correct design of thermoplastic mouldings

Werkstoffkosten material costs

werkstoffspezifisch material-related, specific to the material

Werkstück workpiece

Werkzeug (moulding) tool *(general term covering all kinds of moulds and dies used for transforming plastics into finished and semi-finished products)*; die *(e)*, mould *(im). The word "die" is occasionally used in injection moulding literature. This is incorrect, "die" being applicable only in an extrusion context see BS 1755 part 2, 1974,*

No. 2549). The word "mould" must always be used in an injection moulding context.

Werkzeug, formgebendes mould *(im)*; die *(e)*

Werkzeug, mehrteiliges multi-component mould

Werkzeug, zweiteiliges split mould *(im)*

Werkzeugabkühlung cooling down of mould
Automatisches Abschalten der Werkzeugkühlung bei Zyklusstörung zur Vermeidung starker Werkzeugabkühlung Automatic switching-off of mould cooling if there is an interruption of the moulding cycle, to prevent excessive cooling down of the mould *(note the subtle difference between* **-kühlung** *and* **-abkühlung***)*

Werkzeugatmung mould breathing

Werkzeugaufspannfläche platen area *(whilst this will normally be the correct translation, a phrase such as* **gute Zugänglichkeit zu der Werkzeugaufspannfläche** *would be rendered as* easy access to the platens

Werkzeugaufspannmaße *see* **Werkzeugeinbaumaße**

Werkzeugaufspannplatte *see* **Aufspannplatte**

Werkzeugaufspannplatte, bewegliche *see* **Aufspannplatte, bewegliche**

Werkzeugaufspannung mould attachment

Werkzeugaufspannzeichnung *see* **Lochbild**

Werkzeugauftriebskraft *see* **Auftreibkraft**

Werkzeugaufwand *the expense or complexity of a mould or die*
Das Verfahren erfordert einen erhöhten Werkzeugaufwand mit beweglichen Einsätzen the method requires more elaborate

moulds, with movable inserts

Werkzeugausbau dismantling of the die *(e)*/ mould *(im)*

Werkzeugausführung mould construction

Werkzeugauslegung mould design/layout

Werkzeugbau mould making/construction; toolmaking

Werkzeugbauer *see* **Formenbauer**

Werkzeugbauhöhe *see* **Werkzeugeinbauhöhe**

werkzeugbauseitig *relating to mould construction*
werkzeugbauseitig höhere Anforderungen greater demands from the mould contruction point of view

werkzeugbedingt due to the mould *(im)*/die *(e)*

Werkzeugbefestigung *see* **Werkzeugaufspannung**

Werkzeugbeschädigungen damage to the mould
... um Werkzeugbeschädigungen zu vermeiden to prevent the mould suffering damage

Werkzeugbewegung mould movement
Die Werkzeugbewegung geschieht waagerecht the mould moves horizontally

Werkzeugbreite die width *(e)*

Werkzeugdorn mandrel, core *(e, bm)*

Werkzeugdruck *see* **Werkzeuginnendruck** *(im) or* **Werkzeugrückdruck** *(e)*

Werkzeugdüse *see* **Extrusionswerkzeug**

Werkzeugeinarbeitung *see* **Formhöhlung**

Werkzeugeinbau mould mounting

Werkzeugeinbauhöhe mould height/space *(im)*

Werkzeugeinbaulänge *see* **Werkzeugeinbauhöhe**

Werkzeugeinbaumaße maximum acceptable mould dimensions

Werkzeugeinbauraum *see* **Werkzeugeinbauhöhe**

Werkzeugeinrichter tool setter

Werkzeugeinrichtezeiten mould setting times *(im)*

Werkzeugeinsatz mould insert *(im)*

Werkzeugentlüftung mould venting *(im)*

Werkzeugfüllgeschwindigkeit *see* **Formfüllgeschwindigkeit**

Werkzeugfüllungsgrad amount of material in the mould

Werkzeugfüllvorgang *see* **Formfüllvorgang**

Werkzeugfüllzeit *see* **Formfüllzeit**

Werkzeuggegendruck *see* **Werkzeugrückdruck**

Werkzeuggeometrie die geometry *(e)*

Werkzeuggeschwindigkeit mould opening and closing speed

Werkzeuggestaltung mould *(im)*/die *(e)* design
Bei der Werkzeuggestaltung when designing the mould/die

Werkzeuggewicht mould weight
Erhöhtes Werkzeuggewicht a heavier mould

Werkzeughälfte mould half

Werkzeughälfte, auswerferseitige ejector (mould) half; *see also* **Werkzeughälfte, bewegliche**

Werkzeughälfte, bewegliche moving mould half *(im)*

Werkzeughälfte, düsenseitige *see* **Werkzeughälfte, feststehende**

Werkzeughälfte, feststehende fixed/stationary mould half *(im)*

Werkzeughälfte, schließseitige *see* **Werkzeughälfte, bewegliche**

Werkzeughälfte, spritzseitige *see* **Werkzeughälfte, feststehende**

Werkzeughalteplatte die plate *(e)*

Werkzeugheizmedium mould heating medium/fluid

Werkzeugherstellungskosten *see* **Werkzeugkosten**

Werkzeughöhe *see* **Werkzeugeinbauhöhe**

Werkzeughöhenverstelleinrichtung mould height adjusting mechanism

Werkzeughöhenverstellung mould height adjustment, mould height adjusting mechanism
Die Werkzeughöhenverstellung geschieht von Hand the mould height is adjusted manually

Werkzeughöhlung *see* **Formhöhlung**

Werkzeughohlraum *see* **Formhöhlung**

Werkzeughohlraumoberfläche (mould) cavity surface

Werkzeughohlraumtiefe (mould) cavity depth

Werkzeughohlraumwandung (mould) cavity wall

Werkzeuginnendruck (mould) cavity pressure *(im)*

werkzeuginnendruckabhängig depending on the (mould) cavity pressure

Werkzeuginnendruckaufnehmer cavity pressure transducer

Werkzeuginneren, im inside the mould, in the mould cavity

Werkzeugkavität *see* **Formhöhlung**

Werkzeugkörper *see* **Düsenkörper**

Werkzeugkonstrukteur mould designer

Werkzeugkonstruktion mould design

Werkzeugkonturen mould contours

Werkzeugkopf *see* **Düsenkopf**

Werkzeugkosten tooling costs

Werkzeugkühlmedium mould cooling medium

Werkzeugkühlsystem mould cooling system

Werkzeugkühlung mould cooling (system)

Werkzeuglängsachse longitudinal mould axis

Werkzeuglippen *see* **Düsenlippen**

Werkzeugmacher *see* **Formenbauer**

Werkzeugmittelteil centre part of the mould

Werkzeugöffnung opening of the mould
Um mit kurzen Zykluszeiten hochwertige Teile herstellen zu können, ist eine geringe Werkzeugöffnung erforderlich to be able to produce high quality articles, using short cycles, the mould has to be opened slightly. *See also* **Düsenspalt**

Werkzeugöffnungsbewegung mould opening movement

Werkzeugöffnungsgeschwindigkeit mould opening speed

Werkzeugöffnungshub-Begrenzung mould opening stroke limiting device

Werkzeugöffnungsweg *see* **Formöffnungsweg**

Werkzeugparallelführung *see* **Bügelzone**

Werkzeugplatte *see* **Formplatte**

Werkzeugplattenabstand *see* **Etage**

Werkzeugraum *see* **Formhöhlung**

Werkzeugrückdruck die back pressure *(e)*

Werkzeugrückhub mould return stroke *(im)*

Werkzeugschließbewegung mould closing movement

Werkzeugschließeinheit *see* **Schließeinheit**

Werkzeugschließgeschwindigkeit *see* **Schließgeschwindigkeit**

Werkzeugschließkraft *see* **Schließkraft**

Werkzeugschließplatte *see* **Schließplatte**

Werkzeugschließsystem *see* **Schließsystem**

Werkzeugschließzylinder *see* **Schließzylinder**

Werkzeugschlitten mould carriage *(im)*

Werkzeugschluß closing the mould; *see also* **Schließsystem**

Werkzeugschluß, sanfter careful/gentle closing of the mould, gentle mould clamping mechanism *(for translation example see under* **Werkzeugschonung***)*

Werkzeugschnellspannvorrichtung quick-action mould clamping mechanism/ device

werkzeugschonend gently; without damaging the mould **werkzeugschonende Schließbewegung der beweglichen Werkzeugaufspannplatte** gentle closing of the moving platen to prevent damage to the mould

Werkzeugschonung careful, gentle treatment of mould
Werkzeugschonung durch sanften Werkzeugschluß thanks to the gentle

clamping mechanism, the mould is not damaged

Werkzeugschutz *see* **Werkzeugsicherung**

werkzeugseitig on the mould
werkzeugseitig angebracht attached to the mould

Werkzeugsicherung mould safety mechanism

Werkzeugsicherungsdruck reduced mould clamping pressure *(to prevent damage to the mould)*

Werkzeugstandzeit mould life

Werkzeugtemperatur mould temperature

Werkzeugtemperaturregelung *see* **Werkzeugtemperierung**

Werkzeugtemperierung mould temperature control (system)

Werkzeugträger mould carrier *(e.g. in a carousel-type blow moulding machine); see also* **Aufspannplatte**

Werkzeugträgerplatte *see* **Aufspannplatte**

Werkzeugträgerseite, bewegliche *see* **Aufspannplatte, bewegliche**

Werkzeugträgerseite, feste *see* **Aufspannplatte, feststehende**

Werkzeugtrennebene *see* **Formtrennebene**

Werkzeugtrennfläche *see* **Formtrennebene**

Werkzeugumgestaltung re-designing of the mould *(im)*/die *(e)*

Werkzeugverschleiß mould wear

Werkzeug ver- und entriegeln mould locking and release *(im)*

Werkzeugwandtemperatur (mould) cavity wall temperature *(im)*

Werkzeugwandung mould wall

Werkzeugwechsel mould changing (mechanism/ system)
. . . **gute Zugänglichkeit bei einem Werkzeugwechsel** . . . easy access if the mould has to be changed

Werkzeugwiderstand *see* **Düsenwiderstand**

Werkzeugzentrierung mould centring device *(im)*

Werkzeugzuhaltedruck *see* **Zuhaltekraft**

Werkzeugzuhaltekraft *see* **Zuhaltekraft**

wesentlich, verfahrenstechnisch technically important, important from the processing point of view

Wickel *see* **Folienwickel** *and* **Puppe**

Wickelautomat automatic winder

Wickelautomatik automatic winding system

Wickeldurchmesser reel diameter

Wickeleinheit wind-up unit, winder

Wickelgeschwindigkeit winding/wind-up speed

Wickelgut material being/ to be wound up

Wickelkern winding mandrel

Wickelkörper *see* **Wickelkern**

Wickelmaschine *see* **Wickeleinheit**

Wickelspannung reel tension; wind-up tension

Wickelstation wind-up/ reeling station/unit

Wickelstelle *see* **Wickelstation**

Wickeltechnik filament winding *(grp)*

Wickeltrommel wind-up drum

Wickelwerk wind-up unit

Wickelzug *see* **Wickelspannung**

Wickler-Typ type of wind-up (unit)

Widerstandsfühler *see* **Widerstandstemperaturfühler**

Widerstandsheizband resistance band heater

Widerstandsheizelement *see* **Widerstandsheizkörper**

Widerstandsheizkörper resistance heater

Widerstandstemperaturfühler resistance thermocouple

Widerstandsthermometer resistance thermometer

Wiederanfahren re-starting *(a machine)*

Wiederaufbereiten reprocessing, reclaiming, recycling *(plastics scrap)*

Wiederaufheizzeit re-heating time, time required for re-heating

wiedereinstellen to re-set

Wiederverarbeiten *see* **Wiederaufbereiten**

wiederverwendbar re-usable

Wiederverwendung re-use

Winkelgeschwindigkeit angular velocity

Winkelkopf *see* **Querspritzkopf**

Wirbelbett fluidised bed

Wirbelschütten fluidised pouring

Wirbelsintergerät fluidised bed coating machine

Wirbelsintern fluidised bed coating

Wirbelsintern, elektrostatisches electrostatic fluidised bed coating

Wirkungsgrad efficiency
... hat einen höheren Wirkungsgrad als ... ... is more efficient than ...

Wochenschaltuhr weekly time switch

Würfelgranulat diced granules

Würfelschneider dicer

Würstchenspritzguß jetting *(im) (see explanatory note under* **Freistrahl)**

Z

Zählwerk counter, counting mechanism

Zahnscheibenmühle toothed disc mill

Zapfendurchbiegung (roll) journal deflection *(c)*

zeitabhängig time-dependent

Zeitabstand interval

Zeitgeber timer, timing device

Zeitregelung *see* **Zeitsteuerung**

Zeitschalter time switch

Zeitsteuerung time controller

Zeituhr *see* **Zeitgeber**

Zeitverlauf (passage of) time
Der Zeitverlauf des Einspritzvorganges ist variabel einstellbar the time taken for injection can be varied

Zeitvorwahlschalter time pre-selection switch

Zentralanguß central gating, centre feed *(im)*

Zentralausdrückstift central ejector pin *(im)*

Zentralauswerfer central ejector *(im)*

zentralgespeist *see* **angeströmt, zentral**

Zentralhydraulikanlage central hydraulic system

Zentralkühlwasserverteilung central cooling water manifold

Zentralschmieranlage central lubricating unit

Zentralschmierung central lubricating system

Zentralschnecke main screw *(see also entry under* **Zentralschneckenextruder***)*

Zentralschneckenextruder multi-screw extruder *(used to describe a machine made by Kraus Maffei (Kunststoffe 65 (1975) 12, p. 791) operating with a* **Zentralschnecke** *(q.v.) and two* **Nebenschnecken** *(q.v.)*

Zentralspeisung centre feed *(e, im)*

Zentralspindel *see* **Hauptschnecke**

zentralumströmt *see* **angeströmt, zentral**

Zentralwelle central shaft; *see also* **Hauptschnecke**

zentrierbar capable of being centred
Die Düse ist leicht zentrierbar the die can be easily centred

Zentrierbohrung centring hole

Zentrierbuchse centring bush

Zentriergerät centring device

Zentrierkonus centring cone

Zentrierring register/locating ring *(im)*; die ring *(e)*

Zentrierschraube centring screw

Zentrierung centring device

Zentriervorrichtung centring mechanism/device

Zentrifugalkraft centrifugal force

Zerkleinern granulation, pelletisation *(of extruded*

strands); shredding *(of film offcuts)*

Zerkleinerungsaggregat granulator, pelletiser, size reduction unit; shredder *(specifically for film off-cuts)*

Zerkleinerungsanlage *see* **Zerkleinerungsaggregat**

Zerkleinerungsmaschine *see* **Zerkleinerungsaggregat**

Zerkleinerungsmühle *see* **Zerkleinerungsaggregat**

Zerteileffekt breaking-down effect *(of solids)*

Z-Form *see* **Vierwalzen-Z-Kalander**

Ziehblenden *see* **Kalibrierblenden**

Ziehen *see* **Warmformen** *and* **Kalandrieren**

Ziehtiefe depth of draw *(t)*

Zonen, tote *see* **Toträume**

Zubehör ancillary equipment, accessories

Zufahren closing *(of mould)*

Zufahrsicherung *see* **Werkzeugsicherung**

Zuführeinrichtung feed equipment

Zuführkanal *see* **Zuführungskanal**

Zuführmaschine feeder (unit), loader

Zuführöffnung *see* **Einfüllöffnung**

Zuführschnecke *see* **Einzugsschnecke**

Zuführschneckenpaar feed twin screws *(e)*

Zuführungskabel power supply cable

Zuführungskanal runner *(im)*; manifold *(e)*; feed channel

Zuführungswalze *see* **Einzugswalze**

zugänglich accessible

Zugänglichkeit access(ibility); ease of access

Zugang, bequemer easy access

Zugspannungsregelung web tension control (unit/mechanism/device)

Zugwalze *see* **Spannrolle**

Zugwerk tensioning device/unit

Zuhaltedruck *see* **Zuhaltekraft**

Zuhaltekraft locking force, lock
Spritzgießmaschine mit 250 Mp Zuhaltekraft 250 MP lock injection moulder *(can also be translated like* **Schließkraft** *(q.v.)*

Zuhaltemechanismus (mould) locking mechanism *(im)*

Zuhaltezylinder locking cylinder *(im)*

Zulauföffnung *see* **Einfüllöffnung**

zurückfahrbar retractable

zurückgezogen retracted

zurückziehbar *see* **zurückfahrbar**

Zusammenbacken caking *(of powdered materials when damp)*

Zusammenflußnaht *see* **Bindenaht**

Zusammenflußstelle *see* **Bindenaht**

Zusammenspiel interplay

Zusatzaggregat ancillary/supplementary unit

Zusatz-Dossieraggregat additional metering/dispensing unit

Zusatzdraht filler/welding rod *(w)*

Zusatzeinrichtung ancillary/supplementary equipment

Zusatzextruder ancillary/ supplementary extruder

Zusatzgeräte *see* **Zusatzeinrichtung**

Zusatzsteuerungen supplementary/additional controls

Zuschnitte cut-to-size pieces, blanks *(of sheet stock)*

Zustand, im thermoplastischen *see* **Bereich, im thermoplastischen**

Zuströmkanal feed channel

Zwangsbeschickung forced/positive feed (system)

Zwangsförderung forced/ positive conveying action

Zwangsförderungseffekt forced/positive conveying effect

Zwangsführung forced/ positive circulation *(of cooling air or medium)*

Zwangsfütterung *see* **Zwangsbeschickung**

zwangsgeschmiert pressure-lubricated

Zwangskühlung intensive cooling

zwangsläufig *denotes something being done forcibly* **Kammern in denen der Kunststoff zwangsläufig vorwärts bewegt wird** compartments in which the plastic is forced forwards

zwangsläufig fördernd *see* **förderwirksam**

Zwangsströmung forced circulation

Zweietagenspritzen double-daylight moulding *(im)*

Zweietagenwerkzeug *see* **Dreiplattenwerkzeug**

Zweifachkopf *see* **Doppelkopf**

Zweifachextrusionskopf *see* **Doppelkopf**

Zweifachform two-impression/-cavity *mould (im, bm)*

Zweifachschlauchkopf *see* **Doppelschlauchkopf**

Zweifachspritzblaswerkzeug two-cavity injection blow mould

Zweifach-Spritzgießwerkzeug two-cavity/-impression injection mould

Zweifachwerkzeug *see* **Zweifachform**

Zweifarben-Spritzguß-automat automatic two-colour injection moulder/moulding machine

zweigängig two-start, double flighted (screw) *(e)*

Zweiholmenausführung two-tie bar design *(im)*

Zweiholmenschließeinheit two-tie bar clamp unit *(im)*

zweiholmig with two tie bars

Zweikammertrichter two-compartment hopper

Zweikanalwerkzeug double-manifold die *(e)*

Zweikavitätenwerkzeug two-impression/-cavity mould *(im)*

Zweikomponenten-Niederdruck-Spritzgießmaschine two-component low-pressure injection moulder/moulding machine

Zweikomponenten-Spritzgießen two-component injection moulding

Zweikomponentenspritzpistole two-component spraygun

Zweikomponent-Gießharzmischung two-part casting compound

Zweikreis-Hydrauliksystem twin-circuit hydraulic system

Zweiplattenwerkzeug two plate/-part/single-daylight mould *(im)*

Zweischichtdüse two-layer coextrusion die *(e)*

Zweischicht-Folienblasanlage two-layer film blowing line

Zweischicht-Folienblaskopf two-layer blown film die

Zweischichthohlkörper two-layer blow moulding(s)

Zweischicht-Tafelherstellung two-layer sheet extrusion

Zweischicht-Tiefziehfolienanlage extruder for coextruding two-layer thermoforming film

Zweischnecken-Austragszone twin screw metering section *(e)*

Zweischnecken-Einzugszone twin screw feed section *(e)*

Zweischneckenextruder *see* **Doppelschneckenextruder**

Zweischneckenmaschine *see* **Doppelschneckenextruder**

Zweistationenblasmaschine two-station blow moulding machine

Zweistationenmaschine two-station machine

Zweistellen-Aufwicklung twin-station wind-up unit

Zweistufenblasverfahren two-stage blow moulding (process)

Zweistufen-Doppelschneckenextruder two-stage twin-screw extruder

Zweistufenextruder two-stage extruder

Zweistufen-Extrusionsblasformen two-stage extrusion blow moulding

Zweistufenreckprozeß two-stage stretching process *(for film)*

Zweistufenspritzblasen two-stage injection blow moulding

Zweistufenverfahren two-stage process

zweistufig two-stage *(e)*

zweiteilig two-part, split *(mould)*

zweitourig two-speed

Zweiverteilerwerkzeug twin-manifold die *(e)*

Zweiwalzenglättwerk twin-roll polishing stack

Zweiwalzen-I-Kalander two-roll vertical/superimposed calender

Zweiwalzenkalander two-roll calender

Zweiwellenextruder *see* **Doppelschneckenextruder**

Zweiwellen-Granuliermaschine twin screw granulator/pelletiser

Zweiwellenkneter twin screw compounder

Zweiwellenschnecke *see* **Doppelschnecke**

Zweiwellensystem twin-screw system/assembly

zweiwellig twin screw *(e)*

Zweizonenschnecke two-section screw

Zwickel intermeshing zone *(between twin screws) (e)*; wedge

Zwickelbereich *see* **Zwickel**

Zwischenring adaptor ring

Zwischenstück adaptor

Zwölffach-Spritzwerkzeug twelve-impression/-cavity injection mould

Zyklusablauf cycle sequence

Zyklusgesamtzeit total cycle time

Zykluskontrolle (moulding) cycle control

Zyklusstörung *see* **Zyklusunterbrechung**

Zyklusüberwachung (moulding) cycle monitoring (system)

Zyklusunterbrechung interruption of the moulding cycle
Abschalten der Werkzeugkühlung bei Zyklusunterbrechung switching off of mould cooling if the moulding cycle is interrupted

Zykluszeit cycle time

Zykluszeitverkürzung cycle time reduction

Zylinder barrel *(e)*, cylinder *(im)*

Zylinderabmessungen barrel *(e)*/cylinder *(im)* dimensions

Zylinderauskleidung barrel *(e)*/cylinder *(im)* lining

Zylinderaußenfläche outer surface of the barrel *(e)*/ cylinder *(im)*

Zylinderbeheizung barrel *(e)*/cylinder *(im)* heater(s)

Zylinderbohrung barrel bore *(e)*

Zylinderbuchse barrel bushing *(e)*

Zylindereinzug *see* **Einzugszone**

Zylindereinzugsteil *see* **Einzugszone**

zylinderentgast with a vented barrel *(e)*

Zylinderentgasung barrel venting (system) *(e)*
Der Extruder arbeitet mit Zylinderentgasung the extruder has a vented barrel; *(see also entry under* **Entgasen***)*
In diesem Zusammenhang sei noch ein Nachteil der Zylinderentgasung beim

Vorliegen oxidationsempfindlicher Materialien erwähnt in this connection we should mention a disadvantage of deaerating oxidation-sensitive materials in the barrel

Zylinderentgasungszone *see* **Entgasungszone**

Zylinderheizelement *see* **Zylinderbeheizung**

Zylinderheizkreis barrel *(e)*/ cylinder *(im)* heating circuit

Zylinderheizleistung barrel *(e)*/cylinder *(im)* heating capacity

Zylinderheizung *see* **Zylinderbeheizung**

Zylinderheizzonen barrel heating zones *(e)*

Zylinderinnenfläche *see* **Zylinderinnenwand**

Zylinderinnenwand barrel liner *(e)*

Zylinderkopf barrel head *(e)*; (plasticising) cylinder head *(im)*

Zylinderkühlaggregat barrel cooling unit *(e)*

Zylinderkühlung barrel cooling (system)
Zum Verarbeiten von PE geeignete Extruder können daher auf eine Zylinderkühlung verzichten barrels of extruders designed for processing polyethylene need not, therefore, be cooled

Zylinderkühlzonen barrel cooling sections *(e)*

Zylinderlänge barrel *(e)*/ cylinder *(im)* length

Zylinderrohr *see* **Extruderzylinder**

Zylinder-Schnecken-System barrel-screw combination *(e)*

Zylinderschubspeicher reciprocating barrel accumulator *(bm)*

Zylinderschüsse barrel sections *(e)*

Zylindersegment barrel segment *(e)*

Zylinderspeicher *see* **Schmelzespeicher**

Zylindertemperatur barrel *(e)*/cylinder *(im)* temperature

Zylindertemperierung barrel *(e)*/cylinder *(im)* temperature control (system)

Zylinderwand barrel wall *(e)*

Zylinderwandtemperatur barrel *(e)*/cylinder *(im)* wall temperature